ゼロからはじめる

Instagram
インスタグラム

基本&便利技

改訂新版

リンク:

JN051443

技術評論社

✦ CONTENTS

✦ CONTENTS

第 **5** 章

インスタグラムをビジネスに役立てよう

第 **6** 章

たくさんの人に見てもらう投稿のコツを知ろう

✿CONTENTS

第 **1** 章

インスタグラムを
始めよう

インスタグラムって
どんなことができるの?

「インスタグラム」は、写真や動画を共有するコミュニケーションサービスです。コンテンツの投稿はスマートフォンで行うので、撮った写真や動画をその場で公開できるのはもちろん、編集機能を使って好みのトーンに仕上げることも可能です。

📷 写真や動画を通じて世界とつながるSNS

2010年に誕生したインスタグラムは、国内の月間アクティブアカウント数6,600万人以上を数える(2023年11月時点)人気サービスです。現在の人気を支える特徴として、写真や動画を共有することで言葉の壁を意識せずに世界中のユーザーとつながることができる点、「ハッシュタグ」を使って見たい写真にかんたんにリーチできる点、独自のアルゴリズムによって興味や関心のある投稿を効率よく閲覧できる点などが挙げられます。

また、インスタグラムを利用しているのは一般人だけではありません。著名人が日常の投稿やライブ配信をしたり、企業が自社商品のPRやキャンペーンを展開したりと、幅広いジャンルで活用されています。もちろん、自分の日常の一コマを切り取って発信することこそがインスタグラムの醍醐味です。

●インスタグラムの楽しみ方

❶写真や動画を閲覧する	❷写真や動画を投稿する	❸ユーザーと交流する

✳ インスタグラムでできること

インスタグラムには、写真を加工する多彩なフィルターに加え、詳細な設定が可能な編集ツールが用意されています。写真を編集することで、より雰囲気のある作品に仕上がります。投稿がほかのユーザーに気に入られれば、「いいね!」やコメントがもらえ、交流を深めることができます。さらに、投稿が24時間で自動的に削除される「ストーリーズ」や、フォローされているユーザーにリアルタイムで動画を視聴してもらえる「ライブ」、180秒以内の動画を投稿できる「リール」などの機能も搭載されています。

●写真の加工

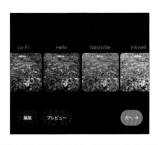

インスタグラムには30種類以上のフィルターが用意されています。明るさやコントラスト、彩度などの画像補正ツールも使えば、写真を詳細に編集できます。

● 「いいね!」やコメント

手軽に感動や共感を伝えられる「いいね!」や、投稿の感想を伝えることができるコメントは、ほかのユーザーとコミュニケーションを取るツールです。

●ストーリーズ

通常のタイムラインとは別のフィールドで、複数の写真や動画を組み合わせた投稿ができます。投稿されたストーリーズは、24時間で自動的に削除されます。

●ライブ

ほかのユーザーにライブ動画を配信することができます。視聴しているユーザーからは「いいね!」やコメントをもらえ、リアルタイムで表示されます。

02 インスタグラムを 始めるために必要なもの

インスタグラムは、スマートフォンさえあれば今すぐ始められます。ほかの道具は要りませんが、ほんの少し準備が必要です。インスタグラムの公式アプリやアカウントを作るためのメールアドレスなど、用意するものを紹介します。

第1章 インスタグラムを始めよう

🏵 インスタグラムを始める前に用意するもの

●スマートフォン

iPhoneやAndroidなど、「Instagram」アプリが対応しているスマートフォンを用意します。ユーザー登録やアプリのダウンロードといった操作を行うので、メールの設定や「App Store」アプリ（Androidでは「Play ストア」アプリ）へのログインを済ませておくとよいでしょう。

● 「Instagram」アプリ

インスタグラムの公式アプリです。スマートフォンがあっても、これがなければ始まりません。iPhoneなら「App Store」アプリ、Androidなら「Play ストア」アプリからインストールします。「Instagram」アプリは、撮影から編集、投稿、閲覧までをこなす高機能写真アプリでもあります。

●メールアドレスまたは電話番号、Facebookアカウント

ユーザー登録の際に個人を特定する情報として、メールアドレスまたは電話番号、Facebookアカウントが必要です。メールアドレスや電話番号を使う場合は、認証作業を行います。すでに「Facebook」アプリでログイン済みの端末では、インスタグラムへの登録がスムーズに行えます。

●一眼レフカメラやコンパクトデジタルカメラ

デジタルカメラは必須ではありませんが、一眼レフカメラやコンパクトデジタルカメラで撮影した写真の投稿も可能です。Wi-Fi対応のカメラからは直接、それ以外のカメラの場合はパソコンなどを通じて写真を転送します。また、写真を加工する場合は、画像編集アプリを使うと便利です。

Section

03 スマートフォンにアプリを インストールしよう

インスタグラムを利用するには、アプリをインストールする必要があります。アプリはストアからインストールしますが、iPhoneではApple ID、AndroidではGoogleアカウントを使ってあらかじめサインインしておくと、スムーズに操作できます。

iPhoneにアプリをインストールする

(1) ホーム画面から「App Store」アプリを起動し、画面下部の[検索]をタップします。

(2) 検索エリアに「Instagram」や「インスタグラム」と入力し、[検索]（または[search]）をタップします。

①入力する
②タップする

(3) 検索結果に表示される「Instagram」アプリの[入手]をタップします。

タップする

(4) [インストール]をタップし、Apple IDのパスワードを入力すると、インストールが開始されます。

タップする

Androidにアプリをインストールする

(1) ホーム画面やアプリ一覧画面から「Play ストア」アプリを起動し、画面上部の検索エリアをタップします。

(2) 検索エリアに「Instagram」や「インスタグラム」と入力し、 をタップします。

(3) 検索結果に表示される「Instagram」アプリをタップします。

(4) [インストール] をタップすると、インストールが開始されます。

Memo アプリの更新

アプリは、新しい機能の追加や不具合の修正などがあるとアップデートが配布されます。ときおり「App Store」アプリや「Play ストア」アプリをチェックして、最新の状態に更新しましょう。

Section

04 メールアドレスか電話番号で ユーザー登録をしよう

インスタグラムには、3通りの登録方法が用意されています。ここでは、メールアドレスまたは電話番号でユーザー登録およびアカウントを作成する方法を解説します。Facebookアカウントを持っている場合は、Sec.05の登録方法も利用できます。

メールアドレスでアカウントを作成する

(1) 「Instagram」アプリを起動し、[新しいアカウントを作成] をタップします。

タップする

新しいアカウントを作成

(2) インスタグラムで使用する名前を入力し、[次へ] をタップします。ここで入力する名前は、ユーザー名ではなく登録者の名前として扱われます。本名でなくても構いません。

名前を入力してください

❶入力する ❷タップする

氏名
藤沢美月

次へ

(3) 設定したいパスワードを入力し、[次へ] をタップします。

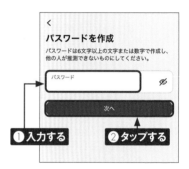

パスワードを作成

パスワードは6文字以上の文字または数字で作成し、他の人が推測できないものにしてください。

パスワード

❶入力する ❷タップする

次へ

(4) 「ログイン情報を保存しますか?」画面が表示されたら、[保存] または [後で] をタップします。

ログイン情報を保存しますか?

藤沢美月のログイン情報が保存され、次回ログイン時にiCloud®デバイスで入力する手間が省けます。

保存

後で

タップする

⑤ 画面下部の日付を上下にスワイプして誕生日を設定し、[次へ]をタップします。

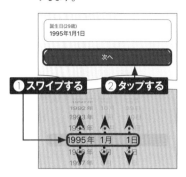

誕生日(29歳)
1995年1月1日

次へ

① スワイプする　② タップする

1995年　1月　1日

⑥ 自動でユーザーネームが作成されます。自分でユーザーネームを作成することもできます。問題がなければ[次へ]をタップします。

ユーザーネームを作成

新規に作成するか、自動作成されたユーザーネームを使用することができます。ユーザーネームはいつでも変更できます。

タップする

ユーザーネーム
fujisawamitsuki1　⊘

次へ

⑦ 電話番号でユーザー登録をする場合は、電話番号を入力して[次へ]をタップします。ここではメールアドレスでユーザー登録をするので、[メールアドレスで登録]をタップします。

連絡が取れる携帯電話番号を入力してください。この情報はプロフィールで他の人には表示されません。

携帯電話番号

セキュリティやログインに関する　タップする
くことがあります。

次へ

メールアドレスで登録

⑧ メールアドレスを入力し、[次へ]をタップします。

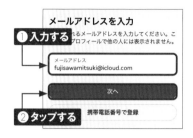

メールアドレスを入力

① 入力する　るメールアドレスを入力してください。こプロフィールで他の人には表示されません。

メールアドレス
fujisawamitsuki@icloud.com

次へ

② タップする　携帯電話番号で登録

⑨ 手順⑧で入力したメールアドレスに届いた認証コードを入力し、[次へ]をタップします。

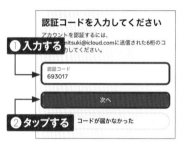

認証コードを入力してください

アカウントを認証するには、
① 入力する　mitsuki@icloud.comに送信された6桁のコ力してください。

認証コード
693017

次へ

② タップする　コードが届かなかった

⑩ 利用規約とポリシーを確認し、[同意する]をタップします。以降は画面の指示に従って任意の設定を行います。なお、設定はあとから変更が可能です。

Instagramの利用規約とポリシーに同意する

サービスの利用者があなたの連絡先情報をInstagramにアップロードしている場合があります。詳しくはこちら

[同意する]をタップすることで、アカウントの作成と、Instagramの規約、プライバシーポリシー、Cookieポリシーに同意するものとします。

プライバシーポリシーに、アカウントが作成された際にMetaが取得する情報の利用　　　　　れています。この情報は例えば、Meta　タップする
ライズ、改善などに利用され　　　　　　　　　　れます。

同意する

Section

05

Facebook で ユーザー登録をしよう

Facebookのアカウントを持っていれば、インスタグラムとFacebookをリンクすることでアカウントを作成できます。Facebookでユーザー登録を行うと、Facebookで設定している名前をインスタグラムにも使用することが可能です。

第1章 インスタグラムを始めよう

Facebookを使ってアカウントを作成する

(1) 事前に「Facebook」アプリやブラウザでFacebookのアカウントにログインしておきます。

(3) 「Facebookアカウントを使ってInstagramアカウントを作成しますか?」画面で[次へ]をタップします。

facebook

fujisawamitsuki@icloud.com

●●●●●●●●   表示

ログイン

パスワードを忘れた場合

または

(2) 「Instagram」アプリを起動し、[Facebookで続行]をタップします。

タップする

藤沢美月

🅵 Facebookで続行

別のアカウントにログイン

Facebookアカウントを使ってInstagramアカウントを作成しますか?

アカウント
藤沢美月 藤沢   >

タップする

これにより、弊社製品全体で動作や●機能に簡単にアクセスできるようになります。

……についてチェックできます。

次へ

Facebookを使用せずにログイン

Memo [Facebookで続行] が表示されない場合

手順②で[Facebookで続行]が表示されない場合は、「Facebook」アプリやブラウザでアカウントから一度ログアウトして再度ログインしたり、「Instagram」アプリを一度終了して再起動したりしてみましょう。

④ Facebookのアカウントと異なる名前をインスタグラムで使用する場合は、「名前をアプリ間で同期」画面で[後で]をタップします。Facebookのアカウントと同じ名前を使用する場合は、[この情報を同期]をタップし、手順⑥に進みます。

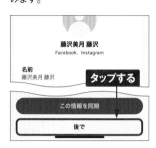

藤沢美月 藤沢
Facebook. Instagram

名前
藤沢美月 藤沢　　タップする

この情報を同期
後で

⑤ インスタグラムで使用する名前を入力し、[次へ]をタップします。ここで入力する名前は、ユーザー名ではなく登録者の名前として扱われます。本名でなくても構いません。

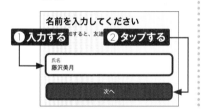

名前を入力してください
❶入力する 力すると、友達 ❷タップする

氏名
藤沢美月

次へ

⑥ 自動でユーザーネームが作成されます。自分でユーザーネームを作成することもできます。問題がなければ[次へ]をタップします。

Instagramのユーザーネームを作成

新規に作成するか、自動作成されたユーザーネームを使用することができます。ユーザーネームはいつでも変更できます。
　　　　　　　　　　　　　タップする
ユーザーネーム
fujisawamitsuki2 ⊘

次へ

⑦ 利用規約を確認し、[同意する]をタップします。以降は画面の指示に従って任意の設定を行います。なお、設定はあとから変更が可能です。

Instagramの利用規約とポリシーに同意する

サービスの利用者があなたの連絡先情報をInstagramにアップロードしている場合があります。詳しくはこちら

[同意する]をタップすることで、アカウントの作成と、Instagramの規約、プライバシーポリシー、Cookieポリシーに同意するものとします。

プライバシーポリシーに、ア　　　　　際にMetaが取得する情報の利用　タップする　ます。この情報は例えば、Meta製品の提供、パーソナライズ、改善などに利用され、これには広告も含まれます。

同意する

Memo　Facebookとインスタグラムを連携する

手順④で[この情報を同期]をタップすると、どちらかのアプリでアカウントの名前を変更した際に、もう一方のアプリでも同じ変更が適用されます。また、メールアドレスや電話番号を使用してインスタグラムのアカウントを作成した場合でも、Facebookとの連携が可能です。連携することにより、インスタグラムで投稿する内容をFacebookにも同時投稿できたり、Facebookの友達をインスタグラムで見つけやすくなったりします。Facebookとの連携については、Sec.73を参照してください。

Section

06 プロフィールを設定しよう

「プロフィール」には、自分の写真や名前、自己紹介文などを掲載します。設定した内容は、ほかのユーザーに公開されます。ここでは、プロフィール写真と自己紹介を設定する方法を紹介します。

プロフィールを設定する

(1) ホーム画面で「Instagram」アプリをタップして起動します。

(2) 画面下部の⊚をタップしてプロフィール画面を表示し、[プロフィールを編集]をタップします。「アバターを作成」画面が表示された場合は、[後で]をタップします。

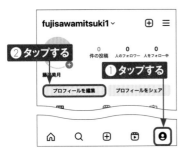

(3) 「プロフィールを編集」画面で、[写真やアバターを編集]をタップします。

(4) 写真のインポート元を選びます。ここでは[ライブラリから選択](Androidでは[新しいプロフィール写真])をタップします。

(5) 写真へのアクセスを確認するメッセージが表示されます。[次へ]（Androidでは［許可］）をタップし、次の画面で［フルアクセスを許可］をタップします。

(6) カメラロールでプロフィールに使いたい写真をタップして、2本指でピンチオープン（拡大）またはピンチクローズ（縮小）しながらプロフィールに使用したい部分を調整したら、[完了]（Androidでは［次へ］）をタップします。

(7) 自己紹介を設定する場合は［自己紹介］をタップします。

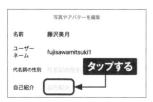

(8) 自己紹介の内容を入力し、[完了]（Androidでは✓）をタップします。

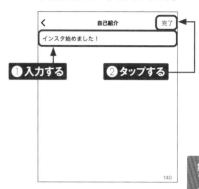

(9) プロフィールの設定が完了したら、く（Androidでは←）をタップします。

Memo Facebookのプロフィール写真を使う

P.18手順④の画面で［Facebookからインポート］をタップすると、Facebookで使用しているプロフィール写真をインスタグラムにインポートし、同じ写真をインスタグラムのプロフィール写真に設定することができます。

Section 07 インスタグラムの画面を知ろう

インスタグラムには、フォロー中のユーザーの写真を閲覧する「ホーム」のほかに、「検索／発見」「投稿」「リール」「プロフィール」といった画面があります。それぞれの画面の役割を知ると、ぐんと使いやすくなります。

ホーム画面の見方

ホーム画面はインスタグラムのメインページで、自分がフォローしているユーザーが投稿した写真や動画、ストーリーズを閲覧できます。また、画面上のアイコンをタップすることで、お知らせの確認やメッセージの送信ができます。

❶自分の投稿に付いた「いいね!」やコメント、フォローなどのインスタグラムに関するアクティビティが表示されます。

❷ほかのユーザーとメッセージの送受信ができます。

❸フォローしているユーザーが公開したストーリーズを閲覧できます。左端の自分のアイコンをタップすると、ストーリーズの投稿画面が開きます。

❹フォロー中のユーザーが投稿した写真や動画が表示される、「フィード」と呼ばれるエリアです。気に入った写真に「いいね!」を付けたり、コメントを残したりといったことも、基本的にはこのフィードから行えます。フィードの投稿は時系列で表示されるのではなく、インスタグラム独自のアルゴリズムによる「おすすめ」の順番に表示されます。

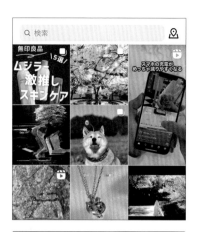

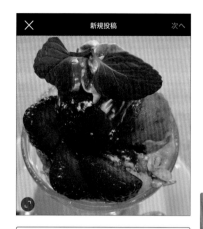

❺入力したキーワードに関連するユーザー、音声、タグ、場所、リールを見つける画面です。また、閲覧履歴や人気の投稿などをもとに、好みのテイストの写真やユーザーをピックアップして一覧表示されます。

❻フィード、ストーリーズ、リールへの投稿、ライブの配信ができます。スマートフォンに保存されている写真や動画だけでなく、アプリ内のカメラを使ってその場で撮影した写真や動画を投稿することも可能です。

❼ほかのユーザーが投稿したリールが1件ずつ表示されます。画面を上方向にスワイプすることで、ほかのリールを閲覧できます。また、「いいね!」やコメント、リールの投稿もこの画面から行えます。

❽自分のプロフィールと、投稿したコンテンツのサムネイルが一覧表示されます。フォロー・フォロワーの確認、投稿の管理、自分がタグ付けされた投稿の確認、インスタグラムの設定などもこの画面から行えます。

column インスタグラムを宣伝で使うには?

●インスタグラムのもう1つの使い方

インスタグラムでは高いユーザーエンゲージメントが注目され、これまでもメーカーからメディア、企業から個人まで、幅広いユーザーにプロモーションツールとして利用されてきました。そうしたユーザーを対象に、インスタグラムをマーケティングの現場で活用してもらおうと提供されたサービスが、ビジネス・クリエイター用の「プロアカウント」です。プロアカウントを利用するためには、通常のアカウントからの切り替えが必要です(Sec.56参照)。これにより、ビジネスに役立つ機能やサービスを活用できるようになります。

●プロアカウントでできること

アカウントをプロアカウントに切り替え、電話番号やメール、住所などの連絡先を登録することで、直接その連絡先を使って一般のユーザーとコンタクトを取ることができるようになります。注目したいのは、保存数の多い投稿やユーザーの性別、傾向などが確認できる「インサイト」というビジネスに特化したツールです(Sec.65参照)。投稿のパフォーマンスやフォロワーのリアクションなどマーケティングに役立つデータを解析したり、投稿を広告として掲示するための機能を備えていたりと、ビジネスユーザー必携のツールといえます。

プロアカウントを利用するには、アカウントの切り替えが必要です(Sec.56参照)。

プロアカウントでは、アカウントの分析が可能な「インサイト」機能の利用が可能です(Sec.65参照)。

第 **2** 章

インスタグラムの基本的な使い方を知ろう

Section 08 写真を撮影して投稿しよう

ほかのユーザーが投稿した写真を見るのは楽しいものですが、やはり自分で撮った写真をアップロードして多くの人に見てもらってこそのインスタグラムです。まずは、アプリで撮影した写真を投稿する手順を紹介します。

✤ 写真を撮影して投稿する

(1) ホーム画面下部の⊕をタップします。

(2) 「新規投稿」画面で◉をタップします。カメラとマイクへのアクセス許可を求める画面が表示された場合は、[次へ] → [許可] → [許可] の順にタップします（Androidで写真と動画の撮影、音声の録音の許可を求める画面が表示された場合は、[アプリの使用時のみ] をタップします）。

(3) ◯をタップして撮影します。

(4) 撮影した写真が表示されたら、内容を確認して [次へ] をタップします。

(5) キャプションを入力する場合は［キャプションを入力またはアンケートを追加…］をタップし、キャプションを入力して、［OK］をタップします。

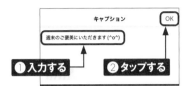

(6) 内容を確認し、［シェア］をタップします。

(7) 写真が投稿されました。

Memo 写真の明るさをLuxで調整する

インスタグラムには、画像を編集する機能がいくつか用意されています。手順④の画面上部にある❷も編集機能の1つで、タップして表示されるバーをスライドして写真の明るさを調整することができます。なお、「編集」画面から明るさを調整する方法はSec.27で解説します。

スマートフォンの中の 写真を投稿しよう

インスタグラムでは、アプリを使ってその場で撮影した写真のほかに、スマートフォンに保存済みの写真や動画の投稿も可能です。その際、長方形の写真を正方形にするなど、トリミングもインスタグラム上で行えます。

保存済みの写真を投稿する

(1) P.24手順①を参考にホーム画面下部の⊕をタップし、「新規投稿」画面を表示します。

(2) 画面下部にスマートフォンに保存されている写真が一覧表示されます。投稿したい写真をタップします。長方形の写真を正方形にトリミングして投稿したいときは、をタップします。

(3) [次へ] をタップし、P.25手順⑤〜⑥を参考に写真を投稿します。

Memo 保存済みの写真をすべて表示する

手順②の画面で [最近の項目] (Androidでは [最近]) をタップすると、スマートフォン内のアルバムやフォルダを選択して写真を表示できます。

Section

10 複数の写真や動画を まとめて投稿しよう

インスタグラムでは、1件の投稿につき10枚までの写真や動画を添付できます。同じ日に撮影した写真や、類似する複数の写真をまとめて投稿したときに便利です。また、複数投稿した写真や動画を個別に編集することもできます。

複数の写真を投稿する

① P.26手順①～②を参考に写真の選択画面を表示し、■をタップします。

② 投稿する写真をすべてタップして［次へ］をタップします。投稿後、写真はタップした順に表示されます。

③ 画面下部のフィルターをタップすると、すべての写真に同じフィルターが適用されます。ここでは個別にフィルターをかけるので、編集したい写真のサムネイルをタップします。

④ 任意のフィルターをタップし、［完了］をタップします。

第2章 インスタグラムの基本的な使い方を知ろう

27

⑤ すべての写真の編集が完了したら、[次へ] をタップします。P.25手順⑤〜⑥を参考に写真を投稿します。

タップする

⑥ 写真を複数投稿すると、写真の下に•••が表示されます。画面を左方向にスワイプします。

スワイプする

⑦ 次の写真が表示されます。

複数の写真や動画をまとめて投稿する

① ◨をタップし、投稿する写真や動画をタップして、[次へ] をタップします。

❶ タップする
❷ タップする
❸ タップする

② P.27手順③〜④を参考に写真や動画を編集します。

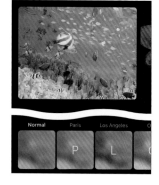

③ 動画の場合は、フィルターのほかに動画の長さやカバー（動画のサムネイル）も編集できます。

④ すべての写真や動画の編集が完了したら、[次へ] をタップします。P.25手順⑤～⑥を参考に写真や動画を投稿します。

⑤ 投稿が完了します。画面を左方向にスワイプします。

⑥ スワイプするごとに次の写真や動画が表示されます。動画は🔇をタップすると、音声が流れます。

Memo フィードへの1件の動画投稿はリールになる

2021年頃から、フィードに動画を1件のみ投稿すると、自動的にリールに変換されるようになりました。動画をリールに変換したくない場合は、動画と一緒に写真を選択して投稿するか、動画を複数選択して投稿する必要があります。

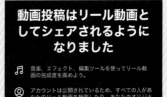

動画投稿はリール動画としてシェアされるようになりました

♫ 音楽、エフェクト、編集ツールを使ってリール動画の完成度を高めよう。

◎ アカウントは公開されているため、すべての人があなたのリール動画を検索したり、あなたのオリジナル音源で新しいリール動画を作成したりできます。

29

Section

11 ハッシュタグを付けよう

投稿する写真や動画に関連するキーワードをハッシュタグとして付けておけば、より多くのユーザーの目に留まるチャンスが増えます。また、自分だけのハッシュタグを付けることで、アルバムのようにまとめて眺めることも可能です。

⚜ キャプションにハッシュタグを追加する

① 「新規投稿」画面で、キャプション入力欄に半角の「#」に続いてキーワードを入力します。入力中に表示される候補をタップして追加することもできます。

② 「#」を追加することで、複数のハッシュタグを入力できます。入力が完了したら [OK] をタップします。

③ [シェア] をタップすると、ハッシュタグが追加された写真が投稿されます。

Memo ハッシュタグの付け方

「#」を入力後、スペースを空けずにキーワードを入力します。ハイフンやピリオドなどの記号は使えないので注意しましょう。

記号を入れると
ハッシュタグに反映されない

fujisawamitsuki1 さわやかな青空！
#空 #空スタグラム #blue~sky
4秒前

🏵 同じハッシュタグが付いた投稿を見る

① 任意のハッシュタグをタップします。ここでは自分の投稿のハッシュタグをタップします。

② ハッシュタグはリンクとして扱われるため、任意のハッシュタグをタップすることで、そのハッシュタグが付いたおすすめの写真や動画が一覧表示されます。

③ 手順②の画面上部の［タグ］をタップすると、類似するハッシュタグや投稿件数が表示されます。

Memo ハッシュタグはいくつ付けられる?

1つの投稿に追加できるハッシュタグの上限は30個です。キャプション欄のほか、コメント欄に付けたタグもカウントされます。ただし、同じタグが重複している場合は、1つのタグとしてカウントされます。

Section

12 写真や動画にユーザーをタグ付けしよう

インスタグラムの投稿には、その写真や動画の撮影時に一緒にいたユーザーをタグ付けしたり、メンションしたりすることができます。タグ付けとメンションは、どちらも自分の投稿からほかのユーザーを紹介するような役割を持ちます。

✦ ユーザー情報をタグ付けする

（1）「新規投稿」画面のキャプション入力まで進み、[タグ付け]（Androidでは[人物をタグ付け]）をタップします。

（2）写真のタグ付けしたい場所をタップします。

（3）タグ付けしたいユーザーのユーザーネームを入力し、候補から該当するユーザーをタップします。

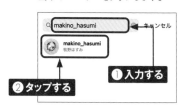

（4）ユーザー情報がタグ付けされます。タグはドラッグで自由に配置を変えることができます。[完了]（Androidでは✓）をタップし、写真を投稿します。

⑤ ユーザー情報がタグ付けされた写真が投稿されます。⬆をタップします。

fujisawamitsuki1 白い恋人パークに行ってきました🏔
5秒前

⑥ ユーザーネームが表示されます。タップすると、そのユーザーのプロフィール画面が表示されます。

表示される

この写真内

makino_hasumi
牧野はすみ

フォロー中

ほかのユーザーにメンションする

① 「新規投稿」画面のキャプション入力欄に、「@」に続いてユーザーネームを入力します。候補から該当するユーザーをタップします。

キャプション　OK

同期と食事！
@takemotokensuke

takemotokensuke
竹本健輔

①入力する

②タップする

② [OK] をタップし、写真や動画を投稿します。

キャプション　OK

同期と食事！
@takemotokensuke

タップする

アンケート

③ メンションした写真が投稿されます。キャプション内のユーザーネームをタップすると、メンションしたユーザーのプロフィール画面が表示されます。

表示される

fujisawamitsuki1 同期と食事🍻
@takemotokensuke
4秒前

Memo タグ付けとメンションの違い

タグ付けはハッシュタグと同じように、タグ付けしたユーザーのプロフィール画面からそのユーザーのタグが付いた投稿のみを表示することができます。メンションした投稿は絞り込み表示はできません。

Section

13

写真や動画に場所を
タグ付けしよう

インスタグラムの投稿には、ユーザーのタグ付けだけでなく、撮影場所のタグを付けることも可能です。旅行の記録や思い出の場所をほかのユーザーと共有したり、同じ場所で撮影された写真や動画を見つけたりしましょう。

位置情報をタグ付けする

① 「新規投稿」画面のキャプション入力まで進み、[場所を追加]をタップします。

③ 位置情報を許可、または位置情報サービスをオンにすると、撮影地やその付近の情報が候補に表示されます。候補の中に撮影地がない場合は、場所の名前や住所を入力し、候補に表示される場所をタップします。

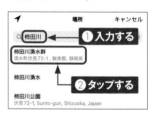

② 位置情報へのアクセスを確認するメッセージが表示された場合は、[次へ](Androidでは[許可])をタップし、次の画面で任意の項目をタップします。

④ 位置情報がタグ付けされます。[シェア]をタップし、写真を投稿します。

(5) 位置情報がタグ付けされた写真が投稿されます。位置情報をタップします。

(6) 同じ場所で撮影された写真や動画が一覧表示されます。[情報を見る]をタップします。

(7) その場所の情報が表示されます。URLなどが記載されている場合は、タップしてリンク先にアクセスできます。

Memo 位置情報の許可

P.34手順②の位置情報へのアクセス許可で[許可しない]をタップした場合でも、P.34手順③のように場所を検索する方法であれば位置情報のタグ付けが可能です。一度[許可しない]をタップしていると、次の投稿時にP.34手順②では「近くの場所をチェック」画面が表示されます。位置情報を許可する場合は、[位置情報サービスをオンにする]をタップします。

Section 14

発見画面から興味のある 投稿を探そう

発見画面では、フォロー中のアカウントや「いいね!」した投稿に基づいたおすすめの 写真や動画が表示されます。表示されるのはフォローしていないユーザーや過去に閲 覧したことがない投稿なので、新しい発見ができるでしょう。

🔅 発見画面の特徴

「発見／検索」の発見画面では、フォロー中のアカウント、閲覧した投稿、「いいね!」 した投稿などに基づき、関心が高いと推察される写真や動画がおすすめとして表示される ようになっています。また、画面を下方向にスワイプするとコンテンツが更新され、さらに 新しい投稿を表示することができます。発見画面に表示されるのはすべてフォローしてい ないユーザーの投稿であることから、新しいコンテンツとの出会いの場ともいえます。興 味を惹く投稿を見つけたら、積極的にその投稿のユーザーをフォローしていきましょう。

●発見エリア

●おすすめされた投稿

第2章 インスタグラムの基本的な使い方を知ろう

発見画面から投稿を探す

1 画面下部の🔍をタップします。

2 発見／検索の発見画面が表示されます。興味のある投稿をタップします。

3 タップした投稿が表示されます。画面左上の＜をタップすると、手順②の画面に戻ります。

4 画面を下方向にスワイプします。

5 表示される投稿が更新されます。

> **Memo　発見画面からフォローする**
>
> 自分の興味のあるジャンルの投稿をしているユーザーを発見画面で見つけたら、手順③の画面でユーザーネームをタップしてプロフィールを確認したり、［フォロー］をタップしてフォローしたりしましょう。

15 キーワードで検索しよう

検索画面では、検索エリアに入力したキーワードをもとに、6つのカテゴリで投稿を検索できます。トレンドのキーワードや気になるキーワードを入力して、興味のある投稿を見つけてみましょう。

✥ 検索画面の特徴

「発見／検索」の検索画面は、発見画面上部の検索エリアをタップすることで利用できます。検索エリアに任意のキーワードを入力して検索すると、まずは「おすすめ」のタブの検索結果が表示されます。そのほかにも、「アカウント」「音声」「タグ」「場所」「リール動画」といったカテゴリごとのタブに切り替えて検索結果を表示できます。検索画面も発見画面と同様、関心のある投稿やアカウントを見つけやすいよう、インスタグラム独自のアルゴリズムで表示されます。

● 検索エリア

● 検索結果

😊 検索画面から投稿を探す

(1) 画面下部のQをタップします。

(2) 発見/検索の発見画面が表示されます。画面上部の検索エリアをタップします。

(3) 検索したいキーワードを入力し、キーボードの［検索］をタップします。

(4) 「おすすめ」の検索結果が表示されます。興味のある投稿をタップします。

(5) タップした投稿が表示されます。画面左上のくをタップすると、手順④の画面に戻ります。

(6) 画面上部のタブをタップして切り替えると、カテゴリごとの検索結果が表示されます。

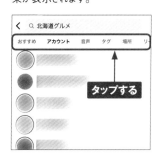

16 ユーザー名を検索して フォローしよう

インスタグラムで友達を見つける方法はいくつか用意されています。ここでは検索画面のユーザータブからユーザーを探します。また、著名人や企業の公式アカウントは、ブラウザのWeb検索で見つけることも可能です。

範囲をアカウントに絞って検索する

(1) 画面下部の Q をタップし、画面上部の検索エリアをタップします。

(2) 検索したいユーザーネームや名前を入力し、キーボードの [検索] をタップします。

(3) 検索結果が表示されます。画面上部のタブから [アカウント] をタップします。

Memo ユーザーネームがわかる場合

名前で検索すると同姓同名のユーザーや関連するキーワードの投稿が表示される場合がありますが、ユーザーネームでの検索はほぼ確実にユーザーを見つけることができます。検索対象のユーザーネームがわかっている場合は、ユーザーネームで検索するようにしましょう。

④ 表示された候補の中から該当する名前をタップします。

⑤ タップしたユーザーのプロフィール画面が表示されます。目的のユーザーであることを確認し、[フォロー]をタップします。

✦ Web検索で店舗や企業の公式アカウントを探す

① スマートフォンのブラウザアプリで、「Instagram ○○○○（名前）」と入力して検索し、検索結果に表示されたインスタグラムのリンクをタップします。

② 目的のユーザーのプロフィール画面が表示されたら、[フォロー]をタップします。

41

Section 17

QRコードから ユーザーをフォローしよう

近しい相手のインスタグラムをフォローする際は、QRコードの利用がおすすめです。インスタグラムのアカウントにはQRコードが付与されており、それをスキャンしたりスキャンしてもらったりすることで、スムーズにユーザーをフォローできます。

🌼 QRコードをスキャンする

(1) あらかじめフォローしたいユーザーのQRコードの画像（P.43参照）をスマートフォンに保存しておきます。画面下部の◎をタップし、［プロフィールをシェア］をタップします。

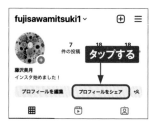

(2) 初回は案内画面が表示されます。画面右上の🆚をタップします。

(3) スキャン画面が表示されたら、画面右上のサムネイルをタップします。

Memo QRコードを直接スキャンする

フォローしたいユーザーが近くにいる場合は、相手のスマートフォンで手順②のQRコード画面を表示してもらい、手順③のスキャン画面でQRコードを直接スキャンしてフォローすることもできます。

第2章 インスタグラムの基本的な使い方を知ろう

42

④ スマートフォンに保存されている画像が一覧表示されます。QRコードの画像をタップします。

⑤ ユーザー情報が表示されます。[プロフィールを見る] をタップします。

⑥ ユーザーのプロフィール画面が表示されます。目的のユーザーであることを確認し、[フォロー] をタップします。

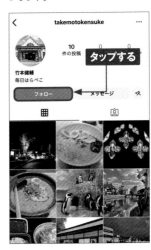

自分のQRコードを共有する

① P.42手順②で [プロフィールをシェア] をタップします。フォローしてもらたい相手が近くにいる場合は、QRコードを直接スキャンしてもらいましょう。

② 任意のアプリを選択して共有したり、画像として保存（Androidの場合は手順①の画面で [ダウンロード] をタップ）したりします。

Section

18 気に入った投稿に 「いいね!」しよう

気に入った投稿には「いいね!」を付けて、その写真や動画を気に入ったことを投稿者に伝えましょう。また、自分が「いいね!」した投稿はあとでまとめて閲覧することができます(Sec.22参照)。

❖ 投稿に「いいね!」する

(1) 気に入った投稿の下部にある♡をタップします。

(2) ♡が❤に変わり、「いいね!」が完了します。「いいね!」を取り消したい場合は、再度❤をタップします。

(3) 「いいね!」が解除されます。

Memo ダブルタップで「いいね!」を付ける

♡をタップする以外に、「いいね!」を付ける方法があります。気に入った投稿の上をすばやく2回タップ(ダブルタップ)すると、「いいね!」が付けられます。「いいね!」を解除する場合は、❤をタップします。

第2章 インスタグラムの基本的な使い方を知ろう

Section

19 投稿にコメントしよう

気に入った投稿には「いいね!」に加え、コメントを残すことができます。写真や動画についての感想を自分の言葉で伝えましょう。コメントには絵文字も使えますが、iPhoneとAndroid間で表示できないものもあるので注意が必要です。

投稿にコメントする

(1) 投稿の下部にある♡をタップします。

(3) コメントが投稿されました。

コメントが投稿される

(2) コメント入力欄にコメントを入力し、↑をタップします。

(4) コメントを削除するには、コメント部分を左方向にスワイプし、表示される🗑（Androidではコメントを長押しして［削除］）をタップします。

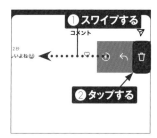

第2章 インスタグラムの基本的な使い方を知ろう

45

インスタグラムからの
お知らせをチェックしよう

自分の投稿への「いいね!」やコメント、新しいフォロワーは、「お知らせ」から確認できます。「お知らせ」画面からコメントを返信したり、フォローバックをしたりすることも可能です。

お知らせを見る

(1) 新着のお知らせがあると、ホーム画面右上にアイコンや数字で通知されます。内容を確認するには、♡をタップします。

(2) 「お知らせ」画面が表示され、お知らせを確認できます。コメントが付いた投稿を確認する場合は、右側のサムネイルをタップします。

(3) 「いいね!」やコメントが付いた投稿が表示され、自分が付けたコメントへの返信も確認できます。

Memo コメントに「いいね!」を付ける

「いいね!」を追加できるのは、写真や動画の投稿だけではありません。コメントの右側に表示される♡をタップすると、そのコメントに「いいね!」が追加されます。

❋ お知らせからフォローバックする

(1) 「お知らせ」画面には、「○○が
あなたをフォローしました」という
通知も含まれます。フォローしてく
れたユーザーのユーザーネームを
タップします。

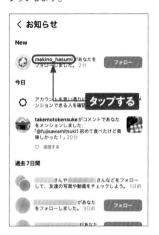

(2) [フォローバックする] をタップしま
す。

(3) 「フォローバックする」の表示が
「フォロー中」に変わります。

Memo インスタグラム からの通知

インスタグラムからの通知を許可
している場合、スマートフォンに
インスタグラムに関するさまざま
な通知が届きます。通知の設定
についてはSec.76を参考にして
ください。

Section
21

投稿を保存してあとから見よう

あとからじっくり眺めて楽しみたい投稿は、ブックマークを付けて保存しておきましょう。「いいね!」とは違い、投稿を保存したことはほかのユーザーには公開されないので、自分だけの楽しみとしてキープできます。

投稿を保存する

(1) 気に入った投稿写真の右下にある⊓をタップします。「友達との投稿を保存」画面が表示された場合は、画面外をタップします。

(2) ⊓が■に変わり、保存が完了します。画面下部の⊚をタップします。

(3) プロフィール画面右上の☰をタップし、[保存済み]をタップします。

(4) [すべての投稿]をタップすると、保存した写真を閲覧できます。画面右上の+をタップすると、保存した写真をアルバムのように分類する「コレクション」を作成できます。

Section

22 「いいね!」した投稿を まとめて見よう

「いいね!」した投稿は、あとからまとめて閲覧できます。Sec.21の「保存」と同じような機能ですが、「保存」はブックマーク、「いいね!」はコミュニケーションの手段といったように使い分けるとよいでしょう。

🎯 「いいね!」した写真を表示する

（1） プロフィール画面右上の≡をタップし、[アクティビティ]をタップします。

> ⊚ アカウントセンター
> パスワード、セキュリティ、個人の情報、広告 >
>
> Metaのテクノロジー全体のコネクテッドエクスペリエンスおよびアカウント設定を管理できます。詳しくはこちら
>
> Instagram の利用方法
>
> 🔖 保存済み
>
> ⏱ アーカイブ → **タップする**
>
> 📊 アクティビティ >
>
> 🔔 お知らせ >
>
> ⏲ 利用時間 >

（2） [「いいね!」]をタップします。

> ‹ アクティビティ
>
> **アクティビティを一元管理**
>
> インタラクション、コンテ **タップする**
> クティビティを確認・管理
> こち
>
> インタラクション
>
> ♡ 「いいね!」 >
>
> ◯ コメント >
>
> 📷 タグ >
>
> 😊 スタンプで返信 >

（3） 「いいね!」した投稿がサムネイルで一覧表示されます。投稿を並び替えたい場合は[新しい順]、日付でフィルターをかけたい場合は[すべての期間]、コンテンツでフィルターをかけたい場合は[すべてのコンテンツタイプ]、ユーザーの絞り込みをしたい場合は[すべての作成者]をタップしましょう。

Memo 複数の投稿の「いいね!」を一括で解除する

「いいね!」を解除したい投稿が複数ある場合は、手順③の画面右上の[選択]をタップし、投稿をタップしてチェックを付けて、[「いいね!」を取り消す(○件)]→[「いいね!」を取り消す]の順にタップします。

フォロー・フォロワーの 一覧を整理しよう

フォローやフォロワーの数が増えてくると、誰をフォローして、誰にフォローされたかわからなくなってしまうこともあります。ときにはフォローまわりをチェックしてフォローバックしたり、フォローを解除したりといった整理も必要です。

◆ フォロー中のユーザーを確認する

① プロフィール画面を表示し、[○ 人をフォロー中]をタップします。

③ 表示が「フォロー」に変わり、フォローが解除されます。手順②の画面でユーザーの名前をタップし、相手のプロフィール画面でフォローを解除する場合は、[フォロー中]→[フォローをやめる]の順にタップします。

② フォロー中のユーザーが一覧表示されます。フォローを解除したいユーザーがいる場合は、その右側の[フォロー中]をタップします。

Memo フォローをやめると通知される?

フォローを解除しても相手には通知されません。相手があなたをフォローしている場合でも、相手からのフォローは解除されません。

✦ フォロワーを確認する

(1) プロフィール画面を表示し、[○人のフォロワー]をタップします。

(3) 表示が「フォロー中」に変わり、フォローバックが完了します。

(2) 自分をフォローしているユーザーが一覧表示されます。「フォロー」の表示は、自分からはフォローしていないことを意味します。フォローを返す(フォローバック)には、[フォロー]をタップします。

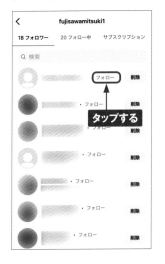

Memo ほかのユーザーの フォローとフォロワー

ほかのユーザーのプロフィール画面でも、そのユーザーのフォローとフォロワーの一覧を見ることができます。自分のフォロー・フォロワーも、ほかのユーザーに公開されています。お気に入りのインスタグラマーがフォローしているユーザーリストから、新たなお気に入りを発見できるかもしれません。

24 ユーザーとメッセージのやり取りをしよう

インスタグラムのメッセージは、特定のユーザーとメッセージをやり取りするコミュニケーションツールです。オープンなコメントとは対照的に、指定した相手のみとやり取りする機能で、写真を送信することもできます。

✥ メッセージを送信する

1 ホーム画面で⊙をタップします。メッセージを送信したい相手のプロフィール画面で［メッセージ］をタップすることでも、P.53手順⑤の画面を表示できます。

3 宛先欄にメッセージを送信したい相手のユーザーネームや名前を入力し、候補に表示された目的のユーザーの＋をタップします。

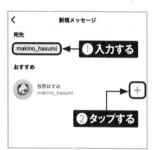

2 画面右上の✐をタップします。

4 ［チャットを作成］をタップします。

⑤ メッセージ入力欄にメッセージを入力し、をタップします。

⑥ 送信したメッセージがブルーの吹き出し内に表示されます。

受信したメッセージを確認する

① メッセージの着信があると、ホーム画面右上に通知されます。をタップします。

② 受信したメッセージはこの画面にリスト表示されます。まずは届いたメッセージをタップしてみましょう。

③ 内容が表示されました。相手からのメッセージは、グレーの吹き出し内に表示されます。

④ 返信するには、メッセージ入力欄にメッセージを入力します。そのほかに、をタップして写真を送ることも可能です。また、相手からのメッセージの上を長押しすれば、メッセージに対してリアクションができます。

53

● 連絡先とリンクする

リアルな友達を見つける方法の1つに、スマートフォンの連絡先とのリンクがあります。連絡先に登録されたメールアドレスや電話番号などの情報と合致するユーザーを見つけることができます。

(1) プロフィール画面右上の三をタップし、[友達をフォロー・招待する]をタップします。

(2) [連絡先をフォロー]をタップします。

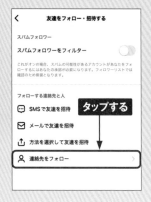

(3) 連絡先へのアクセスを確認するメッセージが表示された場合は、[次へ](Androidでは[アクセスを許可する])をタップし、次の画面で[許可]をタップします。

(4) 連絡先の情報と合致するユーザーが検出されると、プロフィール画面の+&をタップすると表示される「フォローする人を見つけよう」のエリアにユーザー情報が表示されます。友達のアカウントを見つけたらタップしてフォローしましょう。

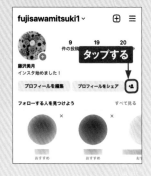

第 **3** 章

写真を加工して
投稿しよう

写真にフィルターをかけよう

インスタグラムの編集機能の1つである「フィルター」は、写真の雰囲気をかんたんに変えられる便利な機能です。写真にフィルターを適用する手順と、おもなフィルターの種類を見てみましょう。

写真にフィルターを適用する

1 「新規投稿」画面でフィルターをかけたい写真を選択し、[次へ] をタップします。

2 好みのフィルターをタップして選択し、撮影した写真に適用します。適用の度合いを調整する場合は、再度同じフィルターをタップします。

3 表示されるバーをスライドして、フィルターの適用の度合いを調整します。

4 フィルターを適用したら ✓ → [次へ] の順にタップし、写真を投稿します。

✤ フィルターの種類（一部）

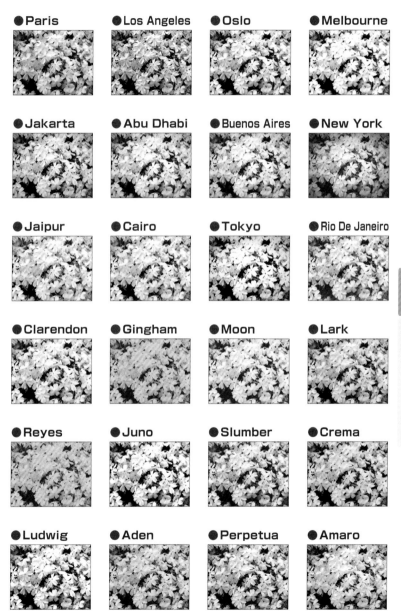

● Paris ● Los Angeles ● Oslo ● Melbourne

● Jakarta ● Abu Dhabi ● Buenos Aires ● New York

● Jaipur ● Cairo ● Tokyo ● Rio De Janeiro

● Clarendon ● Gingham ● Moon ● Lark

● Reyes ● Juno ● Slumber ● Crema

● Ludwig ● Aden ● Perpetua ● Amaro

26

写真を傾けたり
トリミングしたりしよう

写真の傾きが気になるときは、「編集」から調整しましょう。インスタグラムの角度調整は、傾きのほかに歪みの補正も行える便利な機能です。また、画面を指で広げたり閉じたりするだけのかんたんな操作で、トリミングも行えます。

写真の傾きを補正する

(1) 「新規投稿」画面で編集したい写真を選択し、[編集] をタップします。

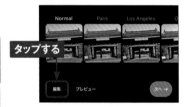

(3) 画面下部の目盛りを左右にスライドして傾きを調整します。■をタップすると縦軸、■をタップすると横軸の歪みをそれぞれ調整できます。

(2) [調整] をタップします。

(4) 調整ができたら✔をタップします。

⑤ [次へ] をタップし、写真を投稿します。

写真を回転させる

① 写真の縦横の位置を正すには、「調整」画面右上の■をタップします。

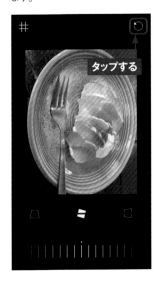

② ■をタップするごとに、反時計回りに 90°ずつ回転します。

Section

27 写真の明るさを変更しよう

インスタグラムには、「明るさ」や「コントラスト」、「ハイライト」や「シャドウ」など さまざまな調整機能が用意されています。たとえば、明るさを上げてコントラストを抑え ることで明るく優しい印象になるなど、写真の雰囲気作りにも役立ちます。

明るさを調整する

第3章 写真を加工して投稿しよう

(1) P.58手順①を参考に編集画面 を表示し、[明るさ]をタップします。

タップする

調整　明るさ　コントラスト　ストラクチャ

(2) 表示されるバーを右方向にスライ ドすると、明るさが増します。

スライドする

60

(3) バーを左方向にスライドさせると暗 さが増します。白飛びしてしまった 写真の補正にも利用できます。

スライドする

-60

(4) 調整ができたら☑→ [次へ] の 順にタップし、写真を投稿します。

タップする

×　明るさ　✓

❁ そのほかの調整機能

● コントラスト

「コントラスト」では、バーを右方向にスライドするとコントラストが上がり、画像がくっきりします。バーを左方向にスライドすると、コントラストが下がって画像によっては平板な印象になります。

● ハイライト

「ハイライト」では、画像の明るい部分の光量を調整できます。白飛びしているような画像では、バーを左方向にスライドして陰影を加えます。

● シャドウ

「シャドウ」では、画像の暗い部分の光量を調整できます。影が黒くつぶれてしまった画像では、バーを右方向にスライドして光量を上げます。

Section

28 写真の色合いを変更しよう

スマートフォンやデジカメで撮影した写真は、自動補正されることがあります。実際より少し鮮やかに補正された写真を実際の色味に近い自然な彩度に変更したり、夕暮れの空を少し赤めに強調したりといった調整も可能です。

🎨 色合いを調整する

●暖かさ

「暖かさ」は「色温度」とも呼ばれます。バーを右方向にスライドすると黄味が増して、暖かさを感じる色味になります。バーを左方向にスライドすると青味が増して、寒色に寄ります。黄味が強い写真を調整して色被りを補正する際にも利用できます。

●彩度

色の鮮やかさは「彩度」で調整できます。バーを右方向にスライドすると彩度が上がり、左方向にスライドすると彩度が下がります。

✦ 色味を変更する

(1) 「色」の調整画面で [シャドウ] をタップし、色を選択します。暗い部分の色味が変わります。

(2) 手順①で選択した色を再度タップするとバーが表示され、スライドすることで色味の分量を調整できます。

(3) 次に [ハイライト] をタップして、明るい部分に適用したい色を選択します。

(4) 手順②と同様にもう一度色をタップし、バーをスライドして調整を行います。調整ができたら ✓ → [次へ] の順にタップし、写真を投稿します。

Section 29

写真を好みの雰囲気に加工しよう

画像をくっきり見せるか、少しぼんやりさせるかだけでも、写真の印象は変わります。インスタグラムに用意されたツールを組み合わせて、自分好みのイメージに写真を加工してみましょう。

✿ 写真の雰囲気を変更する

●ストラクチャ

「ストラクチャ」を適用すると、被写体の輪郭を際立たせることができます。効果を強くしすぎると画像が粗く見えることがあるため、注意しましょう。

●フェード

「フェード」は、コントラストや彩度を下げて、ノスタルジックな柔らかい印象の写真に仕上げます。

●ビネット

レンズの特性である周辺光落ちを模した効果の「ビネット」を使うと、周辺が暗くなり、中心部が引き立ちます。

●ティルトシフト

ジオラマ風に加工する「ティルトシフト」を利用して、被写体の周囲をぼかすテクニックも知っていると便利です。形は円形と直線を選択できます。

●シャープ

わずかな手ブレや被写体ブレは、「シャープ」で引き締めることができます。また、HDR風のカリカリとした質感がほしい場合にも使えます。

Section

30 写真に文字を入れて 投稿内容をわかりやすくしよう

文字を入れた写真は、専用のアプリを使って作成します。ここでは無料の文字入れアプリの「Phonto」を利用しますが、フォントの数やデザインの種類はアプリによってさまざまなので、好みの文字入れアプリを探してみましょう。

「Phonto」で写真に文字を入れる

1 Sec.03を参考に「Phonto」アプリをインストールします。

2 「Phonto」アプリを開くと、無料利用のリクエスト画面が表示されます。[続行]をタップし、トラッキング許可の画面で任意の項目をタップします。画面下部の◎をタップします。

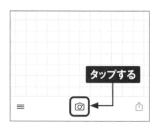

3 [写真アルバム]をタップします。写真へのアクセスを求める画面が表示されたら、[フルアクセスを許可]をタップします。

4 文字を入れたい写真を選択し、[完了]をタップします。

第3章 写真を加工して投稿しよう

（5）文字を入れたい場所をタップし、[文字を追加] をタップします。

（6）文字を入力し、[完了] をタップします。文字の配置は [左寄せ]、文字の向きは [横書き] をタップして変更できます。

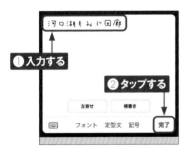

（7）文字は [文字]、フォントは [フォント]、色、フチ、背景は [スタイル]、大きさは [サイズ]、角度は [傾き]、位置は [移動]、丸みは [カーブ] をタップして変更できます。

（8）文字の編集や追加が完了したら、画面右下の 🖒 をタップします。

（9）[画像を保存] をタップします。

（10）Sec.09を参考に、保存した画像をインスタグラムで投稿します。

67

Section

31 コラージュ画像を投稿しよう

1枚の画像に複数の写真を配置したコラージュ画像は、専用のアプリを使って作成します。ここではインスタグラムが提供しているアプリを利用しますが、好きなコラージュアプリを使って保存したものを投稿してもよいでしょう。

「Layout」でコラージュを作成する

(1) Sec.03を参考に「Layout」アプリをインストールします。

(2) 「Layout」アプリを開くと、初回は案内画面が表示されます。画面を左方向に4回スワイプし、[スタート]をタップします。

(3) 写真へのアクセスを求める画面が表示されるので、[フルアクセスを許可]をタップします。

(4) コラージュしたい写真をタップして選択し、画面上部のレイアウトパターンをタップします。

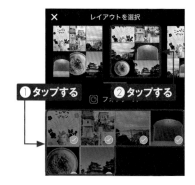

(5) 写真の並べ替えや幅などは、ドラッグすることで変更できます。編集が完了したら［保存］をタップします。

(6) ［INSTAGRAM］をタップします。

(7) ［フィード］をタップします。

(8) インスタグラムの「新規投稿」画面にコラージュした写真が表示されます。［次へ］をタップします。

(9) 続けて編集画面が表示されます。任意で編集を行い、［次へ］をタップして、写真を投稿します。

(10) コラージュした画像が投稿されます。

69

Section

32 投稿を編集・削除しよう

インスタグラムでは投稿したあとでも、キャプションや位置情報、タグなどの追加・削除が可能です。また、投稿そのものを削除したり、1つの投稿の複数枚の写真の中から特定の写真のみを削除したりすることもできます。

✦ キャプションを追加する

1 編集したい投稿を表示し、… (Androidでは :)をタップします。

2 [編集] (Androidでは [編集する]) をタップします。

3 キャプションやハッシュタグを入力し、[完了] (Androidでは✓) をタップします。

4 投稿のキャプションが追加されます。

第3章 写真を加工して投稿しよう

⚙ 位置情報やタグを削除する

1 P.70手順①～②を参考に「情報を編集」画面を表示して、位置情報をタップします。

2 [位置情報を削除] をタップします。

3 位置情報が削除されました。続いて、[1人] と表示されたタグをタップします。

4 削除したいタグをタップします。

5 ⊗をタップすると、タグが削除されます。

6 [完了] → [完了] （Androidでは✓→✓） の順にタップします。

✦ 投稿した写真を削除する

1 削除（または写真の一部を削除）したい投稿を表示し、…（Androidでは⋮）をタップします。

2 ［削除］→［削除］の順にタップすると、投稿そのものを削除できます。ここでは投稿内の写真1枚のみを削除したいので、［編集］（Androidでは［編集する］）をタップします。

3 削除したい写真の◙をタップし、［削除］をタップします。なお、この操作は写真や動画が3点以上の投稿のみで可能です。

4 手順③の写真が削除されたら、［完了］（Androidでは✓）をタップします。

Memo 削除した投稿を復元する

削除した投稿は、30日以内であれば復元が可能です。画面下部の⊗をタップしてプロフィール画面を表示し、☰→［アクティビティ］→［最近削除済み］の順にタップします。復元したい投稿のサムネイルをタップし、…→［復元する］→［復元する］の順にタップすると、投稿がプロフィール画面に再表示されます。削除した投稿は30日を過ぎると「最近削除済み」からも完全に削除されてしまうので注意しましょう。

Section
33 投稿に付いたコメントに 返信しよう

投稿に寄せられたコメントには、「いいね!」を付けたり返信したりできます。コメントへ
の返信は、もとのコメントに対して右に寄せて表示されるので、どのコメントへの返信
かが一目でわかります。

🎯 コメントに返信する

① ホーム画面右上の♡をタップして
「お知らせ」を確認し、コメントが
付いた投稿のサムネイルをタップ
します。

③ コメント入力欄に返信の内容を入
力し、↑（Androidでは［送信］）
をタップします。

② コメントが表示されます。返信し
たいコメントの下部にある［返信
する］をタップします。

④ もとの投稿のスレッドに返信が表
示されます。なお、コメントに「い
いね!」するには、♡をタップします。

73

34

投稿した写真を
メッセージで送ろう

インスタグラムに公開された写真は、友達にメッセージとして送信できます。ここでは、自分の投稿した写真を例にメッセージを送信しますが、ほかのユーザーの写真をシェアすることもできます。

✦ 自分の投稿を友達に送信する

(1) 送信したい投稿の下にある▽をタップします。

(2) メッセージを送信したい相手のユーザーネームや名前を入力し、候補に表示された目的のユーザーの○をタップします。

(3) メッセージを入力し、[送信] をタップします。

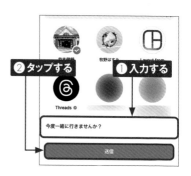

(4) Sec.24を参考にメッセージを開くと、送信したメッセージを確認できます。

Section

35 フィルターを並べ替えよう

タップするだけで写真の雰囲気を変える「フィルター」は、初期状態で35種類（Androidでは58種類）が表示されています。よく使うフィルターの並び替え（Androidでは操作不可）を行い、使い勝手の向上を図りましょう。

✦ フィルターを並び替える

1 写真の編集画面で、並び替えたいフィルターを長押しします。

2 フィルターが移動できるようになるので、並び変えたい位置にドラッグ＆ドロップします。

3 並べ替えが完了します。ここで並び替えた順番は、次回の投稿時にも適用されます。

Memo 「Normal」は移動できない

フィルターのいちばん左に配置されている「Normal」は固定されているため、移動することができません。

第3章 写真を加工して投稿しよう

インスタグラムには、P.57のように数多くフィルターが用意されています。それぞれのフィルターは、彩度や色温度、コントラストなどがあらかじめ調整されており、撮影時の天候や光の加減、そして好みに応じて適用できます。

●自然／ランドスケープ

フィルター名：Clarendon
シャドウ部分を濃く、ハイライト部分を明るくするフィルターで、全体の色調を際立たせます。

フィルター名：Gingham
彩度やコントラストを下げ、全体の明るさを上げた「ハイキー」写真風に仕上がります。

●食べもの・カフェ

フィルター名：Ludwig
暗い色が濃くなることでコントラストが強まり、食べものにぴったりな暖かい雰囲気も増します。

フィルター名：Lo-Fi
彩度を上げたうえにシャドー部を際立たせ、鮮やかな印象になるトイカメラ風フィルターです。

第 **4** 章

ストーリーズやリールを
投稿しよう

36 ストーリーズ機能のしくみ

「ストーリーズ」は、公開期間が24時間に限定された写真や動画を投稿・閲覧する機能です。投稿には、テキストやステッカー、手書き文字を追加できるなど、通常の投稿にはない楽しい機能が用意されています。

ストーリーズとは

「ストーリーズ」は、写真や動画を公開する点という点では「リール」（Sec.48参照）と共通していますが、そのしくみは大きく異なります。ストーリーズのもっとも大きな特徴は、投稿が24時間で自動に消える点です。普段インスタ映えを気にして写真を投稿しているユーザーでも、24時間限定となれば気軽に投稿することができるでしょう。また、写真や動画を複数回に分けてバラバラに投稿しても、1つの投稿として連続再生されます。これなら、フォロワーのフィードを自分の投稿で埋めることなく連投することも可能です。なお、「ストーリーズ」には誰が閲覧したかを確認できるため、自分の投稿の反応が目に見えてわかりやすいです。

● ステッカーを追加できる

ストーリーズにはキャプションを添えられない代わりに、画面上にステッカーやテキストを配置できます。ハッシュタグや位置情報を追加することも可能です。

● 楽しいエフェクトも満載

スマートフォン内の写真や動画はもちろん、アプリ内のカメラを使いその場で撮影した画像や動画にも対応しています。カメラにはさまざまなエフェクトが用意されています。

❋ ストーリーズの特徴

●24時間で削除される

ストーリーズに投稿した写真や動画は24時間後に自動で削除され、ほかのユーザーは閲覧することができなくなります。

●閲覧ユーザーを確認できる

通常のフィードへの投稿とは異なり、ストーリーズでは閲覧したユーザーを一覧で確認することができます。

●コメントはメッセージで届く

ストーリーズに付いたコメントは自分だけが確認できるメッセージに届くので、ほかのユーザーに公開されることはありません。

●公開範囲を設定できる

ストーリーズは、「全体への公開」と「自分が設定した親しい友達にだけの公開」を選択することができます。

79

Section

37 ほかのユーザーの ストーリーズを見てみよう

フォロー中のユーザーのストーリーズは、ホーム画面上部にアイコンで表示されます。
アイコンをタップすると、そのユーザーのストーリーズが再生され、続けてほかのユー
ザーのストーリーズも連続再生されます。

ストーリーズを閲覧する

1 ホーム画面上部のストーリーズエ
リアのアイコンをタップします。こ
こではフォローしているユーザーの
ストーリーズを閲覧できます。

2 タップしたユーザーのストーリーズ
が表示されます。次のストーリー
ズに切り替える場合は、画面を
タップします。

3 手順②と同じユーザーの2つ目の
ストーリーズ、または別のユーザー
の1つ目のストーリーズが表示され
ます。

Memo ストーリーズを 停止する

ストーリーズは自動的に再生され
ますが、画面を長押しすることで
ストーリーズを一時停止すること
ができます。また、ストーリーズ
は閲覧していない分の投稿まで
すべて自動的に再生されます。
途中で閲覧をやめたい場合は、
画面右上の✕（Androidでは端
末の戻るボタン）をタップします。

Section

38

ストーリーズに
コメントを送ろう

ストーリーズのコメントは、非公開メッセージとしてストーリーズの投稿者のみが確認できる状態で送信されます。なお、ユーザー側でコメント機能をオフにしている場合は、コメントを送信できないので注意しましょう。

ストーリーズからメッセージを送信する

(1) ストーリーズの画面で、メッセージ入力欄をタップします。

(3) メッセージが送信されます。

(2) メッセージを入力して▼をタップします。

❶入力する　　❷タップする

Memo リアクションを送信する

テキストのメッセージの代わりに、手順①のあとに表示されるアイコンをタップして、リアクションを送ることもできます。

Section

39 ストーリーズで写真や動画を投稿しよう

ほかのユーザーのストーリーズを見て雰囲気がつかめたら、今度は自分のストーリーズを投稿してみましょう。ストーリーズへは、直接アプリで撮影した動画のほか、スマートフォンに保存済みの写真や動画も投稿できます。

動画を撮影して投稿する

1 ホーム画面下部の⊕をタップし、画面を左方向にスワイプして「ストーリーズ」の画面にします。

スワイプする

2 被写体にカメラを向けて、○を撮影したい分だけ長押しし、撮影が終了したら指を離します。静止画の場合は○をタップします。

長押しして動画を撮影する

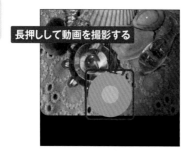

3 必要に応じて動画の長さを調整し、[完了] をタップします。

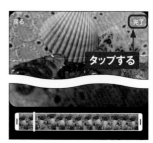

タップする

Memo 撮影時に効果を加える

ストーリーズを撮影する際、手順①の画面左に表示されているメニューをタップすることで、動画に効果を加えることができます。効果の種類には、ループ動画を作成できる「ブーメラン」、分割画面で動画を作成できる「レイアウト」、インカメラとアウトカメラを同時に撮影できる「デュアル」などがあります。

第4章 ストーリーズやリールを投稿しよう

(4) ➡ (Androidでは ⟳) をタップします。

(5) 「ストーリーズ」の［シェア］をタップし、［完了］をタップします。

✦ 保存済みの写真や動画を投稿する

(1) P.82手順①の画面を下から上方向にスワイプします。画面左下のサムネイルをタップしても同様の操作ができます。

(3) 内容を確認し、P.82手順③〜P.83手順⑤を参考に動画を投稿します。

(2) ストーリーズに公開したい写真または動画をタップします。

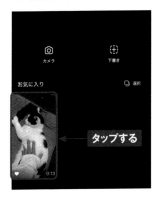

Memo ストーリーズエリアから投稿する

ストーリーズエリアにある自分のアイコンの⊕をタップすることでも、ストーリーズを投稿できます。新たに写真や動画を撮影する場合は［カメラ］をタップ、スマートフォンに保存されている写真や動画を投稿する場合はサムネイルをタップしましょう。

複数の写真や動画を つなげて投稿しよう

ストーリーズには、同一ユーザーによる複数の投稿を連続再生する特性があります。この特性を活かして24時間以内にコンテンツを追加すれば、動きのない写真もスライドショーのように見せることができます。

写真や動画をストーリーズに追加する

1 P.83手順①〜②を参考に「ストーリーズ」の写真または動画の選択画面を表示し、[選択] をタップします。

2 スマートフォン内の写真や動画を選択し、◉（Androidでは [次へ]）をタップします。

3 必要に応じてそれぞれの動画のサムネイルをタップして動画の長さを調整し、[完了] をタップします。

4 内容を確認し、P.83手順④〜⑤を参考に動画を投稿します。

✿ 投稿した内容を確認する

① ホーム画面上部の [ストーリーズ] をタップします。

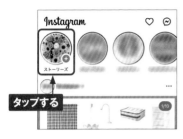

④ さらに次のストーリーズが再生されます。画面をタップするごとに次のストーリーズを確認できます。

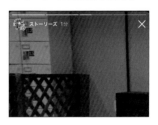

② ストーリーズが再生されます。画面をタップします。

⑤ 画面を上方向にスワイプします。

③ 次のストーリーズが再生されます。さらに次のストーリーズを再生する場合は、再度画面をタップします。

⑥ 表示されたサムネイルから、4つのコンテンツが公開中であることがわかります。また、視聴したユーザーもここで確認できます（Sec.44参照）。

85

Section

41 ストーリーズを装飾しよう

ストーリーズでは、テキストを入れたり、ハッシュタグやイラストのステッカーを貼ったり、動画にエフェクトをかけたり、手書きの文字やイラストを入れたりできます。好みのツールを使って、ストーリーズを盛り上げましょう。

テキストを追加する

1 P.82手順①〜③やP.83手順①〜③を参考に、投稿する写真や動画が表示された画面で Aa をタップします。

2 追加したいテキストを入力し、任意のフォントをタップして変更します。また、画面左のバーを上下にスライドすることで、テキストサイズの変更もできます。

3 画面上部の ◯ をタップし、任意の色をタップして変更します。

Memo そのほかのテキストの編集ツール

画面上部の ☰ をタップするとテキストの配置を変更でき、 🖼 をタップするとテキストをアニメーション化できます。

第4章 ストーリーズやリールを投稿しよう

④ 🖼️を数回タップし、任意の背景色に変更します。テキストの編集が完了したら、[完了] をタップします。

⑤ テキストをドラッグして移動したり、ピンチイン／ピンチアウトして縮小／拡大したりして調整したら、➡️（Androidでは⊙）をタップし、ストーリーズに投稿します。

✦ ステッカーを追加する

① P.82手順①～③やP.83手順①～③を参考に、投稿する写真や動画が表示された画面で🖼️をタップします。

② ここでは [ハッシュタグ] をタップします。

③ ハッシュタグのキーワードを入力します。

④ ステッカーを数回タップしてデザインを変更したり、テキストをドラッグして移動したり、ピンチイン／ピンチアウトして縮小／拡大したりして調整したら、➡️（Androidでは⊙）をタップし、ストーリーズに投稿します。

⚜ エフェクトを追加する

1 P.82手順①〜③やP.83手順①〜③を参考に、投稿する写真や動画が表示された画面で ⊡ をタップします。

タップする

2 画面下部から追加したいエフェクトをタップし、[完了]をタップします。

キャンセル　　完了
② タップする
① タップする

3 画面を左右にスワイプすると、フィルターを適用できます。

スワイプする

4 エフェクトとフィルターの追加が完了したら、⊙（Androidでは⊙）をタップし、ストーリーズに投稿します。

タップする

ストーリーズ　　親しい友達

第4章 ストーリーズやリールを投稿しよう

⊕ 落書きをする

(1) P.82手順①〜③やP.83手順①〜③を参考に、投稿する写真や動画が表示された画面で■をタップし、[落書き]をタップします。

(2) 画面上部のペンの種類をタップし、任意の色をタップします。

(3) 指やペンで画面をなぞって文字やイラストを書きます。また、画面左のバーを上下にスライドすることで、ペンの太さの変更もできます。🔄は矢印、🖍はマーカー、🔵はネオンのペンを利用できます。

(4) 落書きが完了したら、[完了]→⊙(Androidでは⊙)の順にタップし、ストーリーズに投稿します。

Memo 描画を消す

失敗した部分を消してやり直す場合は、画面左上の[元に戻す]をタップします。この場合、1タップで1ストローク消すことができます。はじめからやり直すには、[元に戻す]を長押しします。また、特定の部分だけを消すには、消しゴムの⊟を使います。

ストーリーズでユーザーにメンションしよう

ストーリーズの投稿でも通常の投稿と同じように、撮影時に一緒にいたユーザーにメンションすることができます。メンションされたユーザーは、そのストーリーズを自分のストーリーズに引用して投稿することも可能です。

ユーザーにメンションする

1 P.82手順①〜③やP.83手順①〜③を参考に、投稿する写真や動画が表示された画面で🙂をタップします。

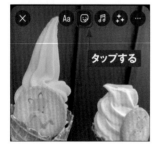

2 [メンション]をタップします。P.87手順②の画面で [メンション] をタップすることでも、メンションが可能です。

3 メンションしたいユーザーのユーザーネームや名前を入力し、候補から該当するユーザーをタップします。

4 追加されたステッカーをタップします。

(5) ステッカーの表示が変化します。メンションのステッカーもピンチアウト／ピンチインで拡大／縮小したり、回転や移動をしたりなどの操作が自由にできます。

変化する

@makino_hasumi

(6) ステッカーの編集が完了したら→（Androidでは↓）をタップし、ストーリーズに投稿します。

タップする

(7) 投稿したストーリーズを表示し、メンションのステッカーをタップします。

タップする

@makino_hasumi

(8) ユーザー情報が表示されます。タップすると、そのユーザーのプロフィール画面が表示されます。

タップする　→　牧野はすみ ＞

@makino_hasumi

Memo ストーリーズを引用する

ストーリーズでメンションされたユーザーは、そのストーリーズに表示される［ストーリーズに追加］をタップすることで、ストーリーズの画面を引用しての投稿が可能です。なお、投稿の引用でもステッカーやテキストを追加することができます。

makino_hasumi 9秒

楽しかったね♪♪

@FUJISAWAMITSUKI1

@makino_hasumi

Section

43 ストーリーズを削除しよう

ストーリーズは24時間後には自動的に削除されますが、誤って投稿してしまったときなどは、手動で削除できます。複数アップロードした場合でも、コンテンツごとに個別に削除することができます。

⚙ ストーリーズを削除する

1 ホーム画面で[ストーリーズ]をタップします。

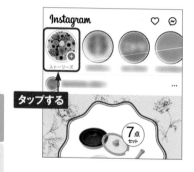

2 削除したいストーリーが表示されている状態で、[その他]をタップします。

3 表示されたメニューで[ストーリーズを削除]をタップします。

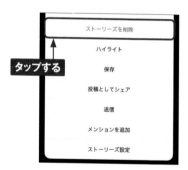

4 確認のウインドウが開いたら、[削除]をタップします。

❄ 複数のストーリーズのうちの1つを削除する

1 P.92手順①を参考に自分のストーリーズを表示し、画面を上方向にスワイプします。

2 消去したいストーリーズのサムネイルをタップして選択し、🗑をタップします。

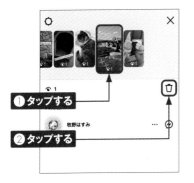

3 [削除] をタップします。

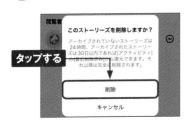

4 手順②で選択したストーリーが削除されました。

Memo ストーリーズを 保存する

ストーリーズを個別に保存するには、P.92手順③の画面で［保存］→［動画を保存］の順にタップします。公開中のストーリーズ全体を動画として保存する場合は、P.92手順③の画面で［保存］→［ストーリーズを保存］の順にタップします。また、手順①の画面で［作成する]をタップすると、ストーリーズの動画をフィードやリールに投稿でき、ストーリーズが消去されたあとでもほかのユーザーに閲覧してもらえます。

Section 44

ストーリーズを視聴したユーザーを確認しよう

通常のインスタグラムのフィードとは異なり、ストーリーズでは視聴したユーザーの足跡が残ります。ここでは、誰が見てくれたのか確認する方法を紹介します。なお、ストーリーズの公開期間を過ぎると確認できないので注意しましょう。

視聴ユーザーを確認する

1 自分のストーリーズを表示して、画面を上方向にスワイプします。

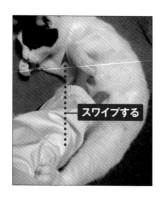

スワイプする

2 視聴したユーザーが一覧表示されます。

Memo 特定のユーザーを対象にストーリーズを非表示にする

手順②の画面で、ユーザーの右側にある…（Androidでは⋮）をタップし、[この人にストーリーズを表示しない] → [非表示にする]の順にタップすると、今後そのユーザーには自分のストーリーズが表示されなくなります。もとに戻すには、手順②の画面左上の○をタップし、[ストーリーズを表示しない人]をタップして、非表示設定を解除します。

ストーリーズに付いた
コメントを確認して返信しよう

ストーリーズへのコメントはほかのユーザーには公開されず、すべてメッセージとして届きます。ストーリーズが消えたあともメッセージは残りますが、公開期間中に表示されるストーリーズのサムネイルは非表示になります。

⊛ ストーリーズのコメントを確認する

1 ストーリーズにコメントが付くと、ホーム画面右上に通知されます。⌁をタップします。

2 届いたメッセージをタップします。

3 ストーリーズへのコメントには、サムネイルが表示されます。内容を確認したら、返信するメッセージを入力して ▼ (Androidでは[送信])をタップします。

4 コメントへの返信が完了しました。

Section

46

ストーリーズの
公開範囲を設定しよう

ストーリーズでは、「全体」と「親しい友達」のいずれかの公開範囲を選択することができます。親しい友達にだけストーリーズを公開する場合は、あらかじめ「親しい友達」のリストを作成しておきましょう。

「親しい友達」のリストを作成する

1 プロフィール画面右上の≡をタップし、[親しい友達]をタップします。

2 画面上部の検索欄から「親しい友達」に追加したいユーザーのユーザーネームや名前を入力し、候補に表示された目的のユーザーの○をタップします。

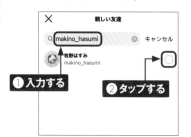

3 ユーザーが選択されます。手順②と同様の操作で、「親しい友達」に追加したいユーザーを検索して選択します。

4 ユーザーを追加できたら、[完了]をタップします。

第4章 ストーリーズやリールを投稿しよう

✤ 親しい友達にストーリーズを公開する

1 ストーリーズを作成し、⊕（Androidでは◯）をタップします。

2 「親しい友達」の ◯ をタップし、［シェア］→［完了］の順にタップします。

3 ストーリーズが更新されます。全体公開のストーリーズはストーリーズエリアのアイコンが虹色の枠で囲まれますが、親しい友達のみに公開したストーリーズは緑色の枠で囲まれます。

4 ストーリーズを再生すると、画面右上に「親しい友達」のユーザーにのみ公開していることを表すアイコンが表示されます。

Section

47

ストーリーズのアンケート
機能を利用しよう

ストーリーズのステッカーの中には、ストーリーズの閲覧者にアンケートを取れる機能が
あります。自由に質問と回答を設定できるので、ユーザーの意見を聞いてみたいとき
に利用しましょう。

アンケートを追加する

1 P.82手順①～③やP.83手順①
～③を参考に、投稿する写真や
動画が表示された画面で🖼をタッ
プします。

タップする

2 [アンケート] をタップします。

タップする

3 質問内容と選択肢を入力します。

入力する

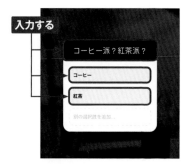

Memo 選択肢は4つまで
設定できる

[別の選択肢を追加…] をタップ
すると、選択肢を追加できます。
選択肢は最大4つまで設定が可
能です。

④ ◯を数回タップし、任意の色に変更します。アンケートの設定が完了したら、[完了]をタップします。

⑤ アンケートをドラッグして移動したり、ピンチイン／ピンチアウトして縮小／拡大したりして調整したら、→（Androidでは⊙）をタップし、ストーリーズに投稿します。

● アンケートの結果を確認する

① 投稿したストーリーズを表示し、[アクティビティ]をタップします。

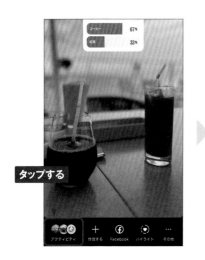

② アンケートの結果が表示されます。

99

Section

48 リール機能のしくみ

「リール」は最大180秒の短尺動画を投稿できる機能で、音楽やフィルター、テキストなどの追加も可能です。投稿したリールは「発見画面」にも表示されるため、ほかのユーザーにも見てもらいやすいコンテンツです。

リールとは

「リール」とは、最大180秒の短い動画を投稿できる機能です。音楽やエフェクトの適用、ステッカーやテキストの追加など、さまざまな加工機能が用意されているため、動画をにぎやかに編集することができます。また、リールはスマートフォンの画面いっぱいに投稿が表示されます。近年はスマートフォンの画面そのものが大きくなっているため、迫力のある動画をユーザーに届けることができます。

さらに、リールは「発見／検索」の「発見画面」（Sec.14参照）にも表示されるため、フォロワー以外のユーザーの目にも留まりやすいというメリットがあります。フォロワーを増やしたいのであれば、フィードへの写真の投稿だけでなくリールの投稿も積極的に行いましょう。

●180秒以内の動画を投稿できる

アプリ上で自由に編集した180秒以内の動画を投稿できます。

●発見画面に表示される

「発見画面」に表示されやすく、多くのユーザーに閲覧してもらえます。

Section
49 ほかのユーザーの リールを見てみよう

ほかのユーザーのリールは、「リール」画面から閲覧できます。表示されるリールは、自身のフォローしているアカウントや閲覧履歴の傾向から、インスタグラムがおすすめするコンテンツが表示されるしくみになっています。

リールを閲覧する

(1) ホーム画面下部の回をタップします。

(2) リールが表示されます。キャプションをすべて表示するには、[...]をタップします。

(3) キャプションが表示されます。次のリールを閲覧するには、画面を上方向にスワイプします。

(4) 次のリールが表示されます。

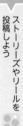

第4章 ストーリーズやリールを投稿しよう

リールを投稿しよう

リールは、その場で撮影した動画のほかに、スマートフォンに保存されている思い出の動画も投稿できます。なお、写真（静止画）もリールに投稿することは可能ですが、自動で動画に変換されます。

動画を撮影して投稿する

1 ホーム画面下部の⊕をタップし、画面を左方向にスワイプして「リール」の画面にします。

2 ［カメラ］をタップします。

3 被写体にカメラを向けて、◯を撮影したい分だけ長押しします。

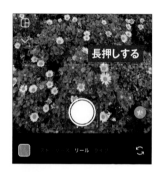

Memo 「リール」画面から投稿する

「リール」画面にある◎をタップすると、すぐにカメラが起動し、リールを撮影して投稿できます。

(4) 撮影が終了したら指を離します。

指を離す →

(5) [次へ] をタップします。

タップする

(6) リールを装飾したい場合は、Sec.51を参考に操作します。内容を確認し、[次へ] をタップします。

タップする

(7) [カバーを編集] をタップします。

タップする →

(8) 画面下部のタイムラインをスライドしてカバー（サムネイル）にしたいシーンを決めたら、[完了] をタップします。

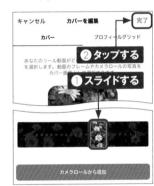

Memo カバーの編集メニュー

手順⑧の画面で [プロフィールグリッド]をタップすると、プロフィール画面の投稿一覧で表示されるサムネイルの範囲を設定できます。[カメラロールから追加] をタップすると、スマートフォンに保存されている画像を選択してカバーに設定できます。

⑨ キャプションを入力する場合は
［キャプションを入力またはアンケートを追加…］をタップします。

タップする

キャプションを入力またはアンケートを追加…

⑩ キャプションを入力して、［OK］を
タップします。

説明

公園の花壇は冬でも華やか😊

①入力する ②タップする

OK

アンケート

⑪ 内容を確認し、［シェア］（初回は
［次へ］→［シェア］の順）をタップします。

タップする

🎵 音源名を変更　　　オリジナル音源 ＞

下書きを保存　　シェア

⑫ リールが投稿されました。

fujisawamitsuki1

♡ ○ ▽　　　　　　　　　　🔖

fujisawamitsuki1 公園の花壇は冬でも華やか😊

Memo 動画の長さや
速度を編集する

P.103手順⑥の画面で［動画を
編集］をタップすると、動画の長
さや速度を編集できる画面が表
示されます。

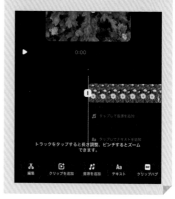

▶　　　0:00

🎵 タップして音源を追加

Aa タップしてテキストを追加
トラックをタップすると長さ調整、ピンチするとズーム
できます。

✂　　📥　　🎵　　Aa　　⬚
編集　クリップを追加　音源を追加　テキスト　クリップハブ

🌸 保存済みの動画を投稿する

1 P.102手順①を参考に「新しいリール動画」画面を表示し、投稿したい動画を選択して、[次へ]をタップします。

2 必要に応じて動画の長さを調整し、[次へ]をタップします。

3 P.103手順⑥～P.104手順⑩を参考に操作を進め、[シェア]をタップします。

4 リールが投稿されました。

Memo 複数の動画を投稿する

1つのリールに複数の動画を投稿したい場合は、手順①の画面で投稿したい動画を複数選択し、[次へ]をタップします。また、その場で複数の動画を撮影して投稿したい場合は、P.103手順⑤の画面で再度○を長押しすると動画を続きから撮影できるので、1つのリールで複数のシーンの動画を投稿できます。

Section

51 リールを装飾しよう

リールでは、音楽をBGMとして入れたり、動画にエフェクトをかけたり、イラストのステッカーを貼ったり、テキストを入れたりできます。好みのツールを使って、リールを盛り上げましょう。

音楽を追加する

1 P.102手順①〜 P.103手順⑥
やP.105手順①〜②を参考に、
投稿する写真や動画が表示された画面で🎵をタップします。

タップする

2 追加したい音楽をタップします。
画面上部の検索欄から音楽を探すこともできます。

タップする

3 画面下部のタイムラインを左右にスライドし、音楽を聴きながら使いたい部分を探します。

スライドする

Memo 音楽のメイン部分を確認する

タイムライン上部の点は、その音楽のサビなどといったメイン部分です。その部分までタイムラインをスライドするとボックスが光ります。

0:27

④ 音楽を再生して確認し、問題が
なければ [完了] をタップします。

⑤ [次へ] をタップします。

⑥ 任意でキャプションを入力し、[シェ
ア] をタップして投稿します。

Memo 動画の音声を編集する

P.106手順②の画面で [管理] をタップすると、動画のもとの音量をコントロールし、追加する音楽とのバランスを調整できます。[エンハンス] をタップすると、動画のノイズを除去し、音声をクリアにできます（iPhoneのみ）。

✦ エフェクトを追加する

① P.102手順①〜P.103手順⑥やP.105手順①〜②を参考に、投稿する写真や動画が表示された画面で📷をタップします。

タップする

② 追加したいエフェクトをタップし、動画をタップします。

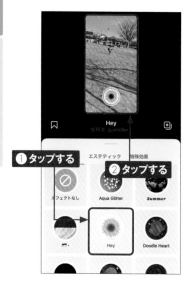

❶タップする
❷タップする

③ エフェクトが追加されます。画面を左右にスワイプすると、フィルターを適用できます。

スワイプする

④ エフェクトとフィルターの追加が完了したら、[次へ]をタップします。

タップする

⑤ 任意でキャプションを入力し、[シェア]をタップして投稿します。

タップする

🎴 ステッカーを追加する

1 P.102手順①〜P.103手順⑥ やP.105手順①〜②を参考に、投稿する写真や動画が表示された画面で🙂をタップします。

2 ここではイラストをタップします。

3 ステッカーを数回タップしてデザインを変更したり、テキストをドラッグして移動したり、ピンチイン／ピンチアウトして縮小／拡大したりして調整します。

4 調整が完了したら、[次へ]をタップします。

5 任意でキャプションを入力し、[シェア]をタップして投稿します。

✦ テキストを追加する

1 P.102手順①〜P.103手順⑥やP.105手順①〜②を参考に、投稿する写真や動画が表示された画面で ➁ をタップします。

タップする

2 追加したいテキストを入力し、任意のフォントをタップして変更します。また、画面左のバーを上下にスライドすることで、テキストサイズの変更もできます。

①入力する
②タップする

3 画面上部のメニューをタップし、配置、文字色、背景色、アウトラインなどを変更して、[完了] をタップします。

①タップして変更する
②タップする

4 位置やサイズの調整が完了したら、[次へ] をタップします。

タップする

5 任意でキャプションを入力し、[シェア] をタップして投稿します。

タップする

Section

52 リールを削除しよう

24時間で自動的に削除されるストーリーズと違い、リールは一度投稿すると、自分の
プロフィールの投稿一覧に残り続けます。間違って投稿してしまったリールは、手動
で削除しましょう。

リールを削除する

(1) 削除したいリールを表示し、■■■
(Androidでは■)をタップします。

(2) [削除]をタップします。

(3) [削除]をタップすると、リールが
削除されます。

Memo 削除したリールを
復元する

削除したリールは、30日以内で
あれば復元が可能です。P.72
Memoを参考に「最近削除済み」
画面を表示し、⊡をタップすると
削除したリールが表示されます。
復元したいリールのサムネイルを
タップし、■■■(Androidでは■)
→[復元する]→[復元する]
の順にタップしましょう。

111

Section

53 リールに「いいね!」や コメントを付けよう

通常の投稿と同じように、気に入ったり共感したりしたリールには、「いいね!」やコメントなどの反応を送りましょう。自分が「いいね!」やコメントをしたリールはあとでまとめて閲覧することができます（Sec.22参照）。

リールに「いいね!」やコメントを付ける

1 P.101を参考にリールを表示し、気に入ったリールの右側にある♡をタップします。

タップする

2 ♡が♥に変わり、「いいね!」が完了します。♀をタップします。

「いいね!」が付く

タップする

3 コメント入力欄にコメントを入力し、↑をタップします。

①入力する　**②タップする**

4 コメントが投稿されました。

コメントが投稿される

Section

54

リールのリアクションに 返信しよう

自分が投稿したリールに付いた「いいね!」やコメントは、「お知らせ」から確認できます。感想や質問のコメントが付いたときには、「お知らせ」からスムーズに返信しましょう。

リールのコメントに返信する

1 ホーム画面右上の♡をタップします。

2 「お知らせ」画面が表示され、お知らせを確認できます。リアクションに返信したいお知らせの右側のサムネイルをタップします。

3 コメント入力欄に返信するコメントを入力し、↑をタップします。

4 コメントへの返信が投稿されました。

第4章 ストーリーズやリールを投稿しよう

113

ストーリーズとリールは、「インスタグラムで写真や動画を投稿できる機能」という点は共通しますが、さまざまな違いがあります。

かんたんにいえば、ストーリーズはカジュアルな投稿やお知らせの投稿など、短期間での一時的な共有に適しており、リールはよりクリエイティブな動画の永久的な共有に適しています。どちらもインスタグラムにおいて重要な役割を果たす機能なので、それぞれの特徴や使い方を理解し、コンテンツに合った投稿先を選ぶようにしましょう。

●ストーリーズ

ストーリーズは、24時間後に自動的に消える写真や動画を共有できる機能です。公開時間が限定されていることから、ストーリーズには作り込まれた動画ではなく、ラフな投稿が多い傾向にあります。また、閲覧するのは基本的にはフォローのみで、「いいね!」やコメントがほかにユーザーに公開されることもないため、瞬間的な出来事やプライベートなシーンを共有することに向いています。

●リール

リールは、180秒以内の短い動画を共有できる機能です。リールは音楽やエフェクトなどを使い、クリエイティブなエンターテインメント性の高い動画が多く投稿される傾向にあります。投稿したリールは「発見/検索」の画面にも表示されるため、フォロワーではないユーザーにも広くアクセスされる可能性があります。

第 **5** 章

インスタグラムを
ビジネスに役立てよう

55 インスタグラムでの 集客・販促の流れ

インスタグラムの利用者は年々増加しており、インスタグラムを活用したマーケティングを展開している企業や個人も多くいます。インスタグラムでの集客・販促を考えている人は、事前に必要な設定やその後の流れを押さえておきましょう。

🌸 インスタグラムのビジネス活用

Sec.01で解説した通り、インスタグラムは世界的に人気なサービスとして成長し、日本国内でも月間アクティブアカウント数は6,600万人を超えています。近年10〜30代の若年層は、トレンドの収集を検索エンジンからインスタグラムにシフトしている傾向にあります。その理由は、「インスタグラムはユーザーが自ら情報を探しにいかなくても自動的に情報が流れてくる」からです。インスタグラムでは、閲覧・行動履歴からユーザーが好みそうなコンテンツを自動で抽出し表示するしくみ（アルゴリズム）が採用されていることから、ユーザー1人1人に合った情報を流すことができるのです。多くの企業やクリエイターがそのしくみを活用し、インスタグラムで広告を出稿したり、ビジネス用のアカウントで販促を行ったりしています。また、インスタグラムでは写真または動画の投稿が基本ですが、加えてキャプション、ハッシュタグ、ユーザーのタグ、位置情報なども入れることができます。ほかのSNSと比べて一度に多くの情報をユーザーに伝えることができるという点も、インスタグラムでビジネスを行ううえでのメリットといえます。

@lipton_japan

@aoyama_mens

❁ インスタグラムでビジネスを行う流れ

●①プロアカウントの作成

インスタグラムをビジネス利用するには、「プロアカウント」への切り替え、または作成を行います。

●②運営コンセプトの決定

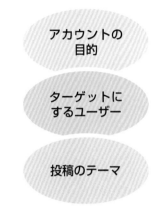

アカウントの目的、ターゲット、テーマなどを決め、運用のビジョンを立てていきます。

●③投稿

適切なタイミングやハッシュタグを考え、フィード、リール、ストーリーズを更新します。

●④インサイトの確認

投稿数やフォロワーが増えてきたら、インサイトでアカウントの現状分析を行います。

117

Section

56 ビジネス用のアカウントを 設定しよう

インスタグラムで集客・販促をすることを決めたら、ビジネス用のプロアカウントを設定しましょう。なお、プロアカウントにはクリエイター向けとビジネス向けの2種類があり、ここではクリエイター向けのプロアカウントを作成しています。

✦ ビジネス用のプロアカウントの種類

インスタグラムでは、「プロアカウント」と呼ばれるビジネス用のアカウントがあります。プロアカウントは無料で誰でも取得することができ、大手企業や芸能人だけでなく、個人事業主や一般人も利用しています。プロアカウントには2つの種類があり、アーティストやインフルエンサーなどのクリエイター向けのプロアカウント、小売店やブランド、組織などのビジネス向けのプロアカウントを選択できます。2つのプロアカウントでは一部の機能が異なり、ビジネス向けのプロアカウントでは住所登録やインフルエンサーへの提携リクエストなどが可能となっています。販促を目的にインスタグラムを利用するのであれば、ビジネス向けのプロアカウントを選ぶとよいでしょう。プロアカウントは現在利用している個人アカウントをプロアカウントに切り替えたり、一から新しいプロアカウントを作成することも可能です。

なお、ここではクリエイター向けのプロアカウントを作成する手順を解説していますが、ビジネス向けのプロアカウントを作成する場合は、一部手順が異なる場合があります。

プロアカウント

クリエイター向け

・公人、著名人
・コンテンツプロデューサー
・アーティスト
・インフルエンサー
　　　　　　　など

ビジネス向け

・小売店
・ローカルビジネス
・ブランド
・組織
・サービスプロバイダー
　　　　　　　など

利用中のアカウントをプロアカウントに切り替える

① プロフィール画面右上の≡をタップします。

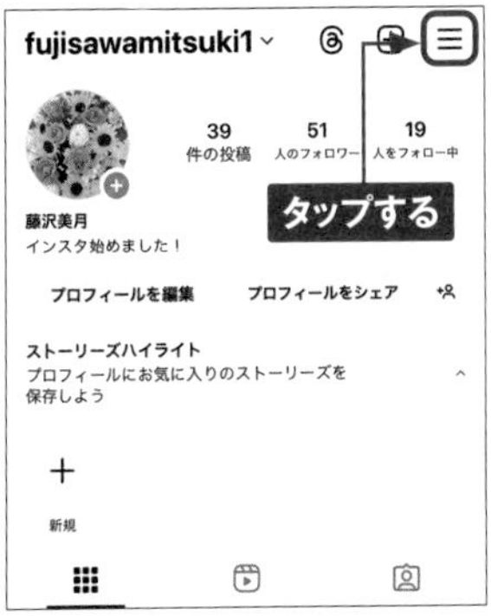

② ［アカウントの種類とツール］をタップします。

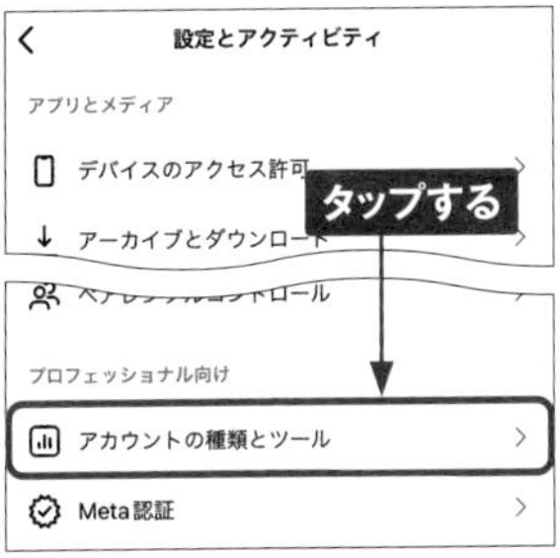

③ ［プロアカウントに切り替える］をタップします。

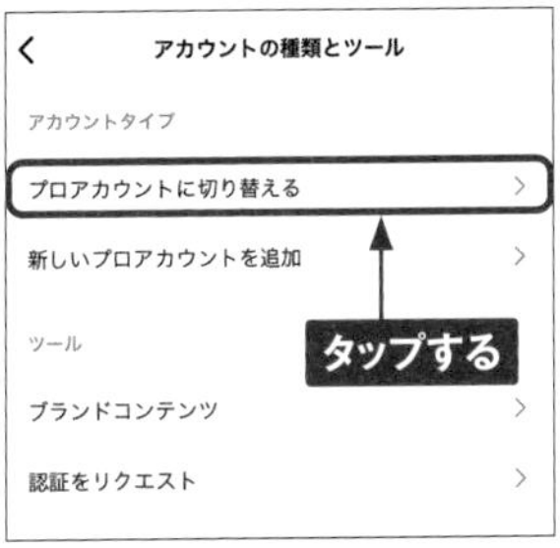

④ ［次へ］を4回タップします。

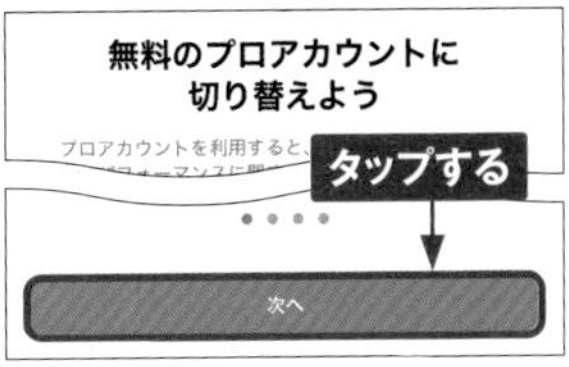

⑤ 自分のアカウントを見つけてもらいやすくするために、作成したいアカウントに当てはまるカテゴリを選択して［完了］をタップします。

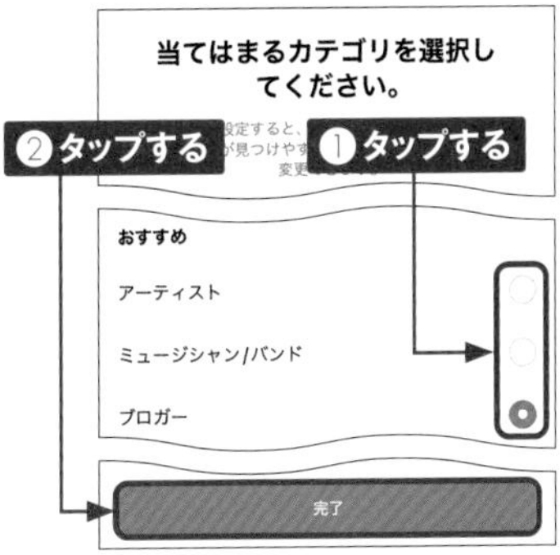

⑥ アーティストやインフルエンサーなどの場合は「クリエイター」、小売店や組織などの場合は「ビジネス」を選択し、［次へ］→［OK］の順にタップします。

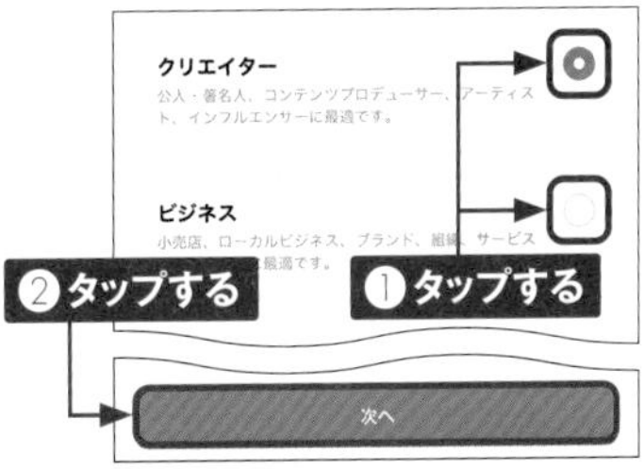

⑦ プロモーションメールの受け取りを設定し、[次へ] → [後で] の順にタップします。

⑧ プロアカウントの取得が完了します。×をタップします。

⑨ プロフィール画面がプロアカウントの仕様に切り替えられます。

🌐 新しいプロアカウントを追加する

① P.119手順③の画面で [新しいプロアカウントを追加] をタップし、[次へ] を4回タップします。

② 自分のアカウントを見つけてもらいやすくするために、作成したいアカウントに当てはまるカテゴリを選択して [次へ] をタップします。

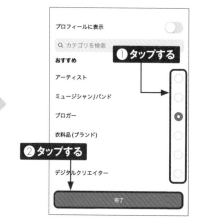

③ ここではメールアドレスで登録するので、画面上部の［メール］をタップしてからメールアドレスを入力し、［次へ］をタップします。「このメールアドレスはすでに別のアカウントで使用されています」画面が表示された場合は、［新しいアカウントを作成］をタップします。

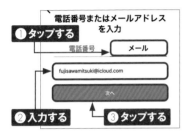

④ Sec.04を参考に必要な情報を設定し、［登録］をタップします。次に「ログイン情報を保存しますか？」画面が表示されたら、［保存］または［後で］をタップします。

⑤ アーティストやインフルエンサーなどの場合は「クリエイター」、小売店や組織などの場合は「ビジネス」を選択し、［次へ］をタップします。

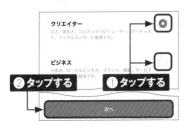

⑥ プロモーションメールの受け取りを設定し、［次へ］→［後で］の順にタップします。

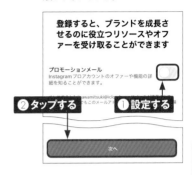

⑦ プロアカウントの取得が完了します。×をタップします。

⑧ ⑧をタップすると、プロアカウントの仕様のプロフィール画面が表示されます。

121

アカウントの運営コンセプトを決めよう

プロアカウントを取得できたら、今後のアカウントの方向性を決めていきましょう。アカウントの目的、ターゲット、テーマなどを事前にしっかりと確立させておくことで、コンセプトがブレることなく運用ができるようになります。

アカウントを運用する目的を明確にする

アカウントを運用するにあたり、「なぜインスタグラムを活用するのか」を明確にしておきましょう。理由が明確にないと具体的な戦略が定まらず、運用方針がブレてしまいます。インスタグラムのビジネス活用では、ターゲットとなるフォロワーを効率的に獲得することを求めたいため、ユーザーに届けたい情報が何なのかを整理してみましょう。
たとえば自社商品や自社サービスを提供する企業のアカウントの場合、「お役立ち情報を教えたい」、「新しい情報を知ってもらいたい」、「細かい使い方を深掘りして伝えたい」、「同じような考え方の人やファンの集まりを作りたい」などが挙げられます。フォロワーとのコミュニケーションを大事にすることで、信頼関係を築くことができます。その目的に応じて発信する内容を考え投稿していくことで、ユーザーも内容を理解しやすくなり、ターゲットとなるフォロワーの獲得も叶いやすくなります。

●アカウントを運用する目的

細かい使い方を
深掘りして伝えたい

同じような考え方の
人やファンの
集まりを作りたい

お役立ち情報や
新しい情報を
教えたい

第5章 インスタグラムをビジネスに役立てよう

⊛ ターゲットを明確にする

アカウントを運用するにあたり、まずはターゲットを明確にしましょう。ターゲットを決めずむやみに投稿を増やしても、どんなユーザーにどんなことを伝えたいのかが誰にもわからないのであれば意味がありません。もし商品販売などを行っているのであれば、その商品のターゲット層をそのままインスタグラムのターゲットにも反映できます。そうでない場合は、「自分の投稿をどんなユーザーに見てもらいたいか」を想像してみましょう。

ターゲットを具体的に設定する際は、「年齢」「性別」「職業」「収入」「家族構成」「住んでいる場所」「勤務時間」「起床時間」「就寝時間」などの項目を挙げて、具体的な人物像を思い描いてみることがおすすめです。たとえば、ターゲットの「性別」を「女性」に決めたとしても、「10代」と「30代」とでは好む写真の雰囲気が異なりますし、「年齢」を「20代」に決めたとしても、「男性」と「女性」とではキャプションの長さや表現にも違いを出さなければなりません。「職業」を「事務職」に決めたなら「勤務時間」なども予測できるため、投稿を見てもらいやすい時間帯も考えることができます。具体的にターゲットを設定しておくことで、写真撮影や加工、キャプション、投稿のタイミングなど、運用のイメージがしやすくなるのです。

●ターゲットの設定項目の例

・年齢 ……………………………	20代
・性別 ……………………………	女性
・職業 ……………………………	事務職
・収入 ……………………………	20〜30万円
・家族構成 ………………………	両親、弟、ペット
・住んでいる場所 ………………	関東
・勤務時間 ………………………	9〜18時
・起床時間 ………………………	7〜8時
・就寝時間 ………………………	23時

など

・年齢 ……………………………	30代
・性別 ……………………………	男性
・職業 ……………………………	接客業
・収入 ……………………………	30〜40万円
・家族構成 ………………………	一人暮らし
・住んでいる場所 ………………	関東
・勤務時間 ………………………	12〜21時
・起床時間 ………………………	10〜11時
・就寝時間 ………………………	26時

など

✪ テーマを決める

ターゲットが決まったら、次はアカウントのテーマを決めましょう。ここでいうテーマとは、「何を重視した運用をするか」です。これも事前に決めておかないと、アカウントの世界観に統一性がなくなり、ユーザーに散漫なイメージを与えてしまう場合もあります。重視するものとして挙げられるのは、「参考値」（ユーザーに参考にしてもらえる投稿）や「ビジュアル」（色や雰囲気など見栄えのよい投稿）です。また、「参考値」と「ビジュアル」を混合させるというパターンもあります。たとえば文章力や解説（商品レビューやレシピ紹介）に自信があるのであれば「参考値」を重視した投稿がおすすめですし、写真撮影や演出（ファッションやテーブルのコーディネートなど）に自信があるのであれば「ビジュアル」を重視した投稿がおすすめです。

ユーザーに定期的に投稿を見てもらったりフォローしてもらったりするためには、「自分の好みの内容の投稿をしているアカウントだ」と思ってもらうことが大切です。「好み」とひとことでいっても、「参考になる」「真似したい」「写真の雰囲気が好き」など、さまざまな印象があります。どのポイントに特化した内容で今後運用していくのかは、「インサイト」機能（Sec.65参照）でユーザーの反応を見ながらいろいろ試してみるのもよいでしょう。

●何を重視するかによって投稿の内容は異なる

・キャプション（テキスト）で細かく解説する
・写真に文字を入れる
・リール動画で過程を見せる
　　　　　　　　など

・自然光を多く入れる
・シンプルにする
・縁を入れる
・加工は同じフィルターを使う
　　　　　　　　など

・投稿の順番を決める
・参考値の投稿はサムネイルを統一する
　　　　　　　　など

⚜ プロフィールや投稿を充実させる

一からプロアカウントを作成した場合、プロフィール写真や自己紹介文は何も設定されていない状態です。プロフィールはアカウントの信頼性にも関わってくるため、個人アカウントと同様の操作で必ず設定しておきましょう（Sec.06、72参照）。自己紹介文は、誰に向けて何を発信しているアカウントなのかを明確に示す内容であることが必須です。また、プロアカウントは個人アカウントと同じ基本的な設定項目のほかに、Webサイトとは別のリンク追加、カテゴリ表示、連絡先表示、アクションボタン追加などの設定を行うことができます。

プロフィールの内容はもちろんですが、「過去の投稿」もユーザーに重要視されます。投稿がどれだけ充実しているか、世界観がユーザーの好みにどれだけマッチしているかなどによって、フォローされるかどうかが決まります。プロフィールは店舗でいう外観、ホームページでいうトップページです。運用初期は写真などの投稿が少なく寂しい印象になってしまうかもしれませんが、徐々に投稿を増やしてアカウントの印象を強めていきましょう。

●プロフィールの例

@hotelnewotanitokyo

●統一感のある投稿の例

@botanist_official

58 ストーリーズのハイライトを効果的に使おう

インスタグラムをビジネスで活用する際は、フィードだけでなくストーリーズの投稿も重要です。また、ストーリーズを「ハイライト」に追加すると、24時間後もストーリーズの投稿が閲覧できる状態になります。

⬡ ハイライトを活用する

ストーリーズの投稿は通常24時間で削除されてしまいますが、「ハイライト」に追加することで、プロフィールに常時ストーリーズの投稿を表示しておけるようになります。長い期間に渡ってユーザーに見てもらいたいお知らせや、反響があった内容の投稿は、ハイライトにまとめておきましょう。1つのアカウントで作成できるハイライトの数に上限はありませんが、1つのハイライトに追加できる投稿は100件までです。1つのハイライトにすべての投稿をまとめると見づらくなってしまうため、内容ごとにハイライトを分けるとよいでしょう。

● ハイライトの例

@tobu_ikebukuro

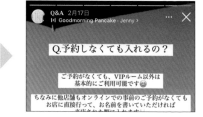

@ahappypancake_official

ストーリーズをハイライトに追加する

(1) ハイライトに追加したいストーリーズを表示し、[ハイライト] をタップします。

(2) まだハイライトを作成したことがないアカウントの場合、そのまま新しいハイライトの作成に進みます。ハイライトのタイトルを入力し、[追加] をタップします。2回目以降新しいハイライトを作成する場合は [新規] を、作成済みのハイライトにストーリーズを追加する場合は任意のハイライトのタイトルをタップします。

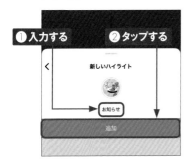

(3) [プロフィール上で見る] をタップします。

(4) プロフィール画面が開き、ハイライトが作成されていることが確認できます。

Memo 投稿時にハイライトに追加する

ストーリーズを投稿したあとの画面で [ハイライトに追加] をタップすると、ストーリーズの更新とほぼ同じタイミングでハイライトも更新することができます。

Section
59

ハッシュタグを活用して ユーザーからの反応を増やそう

ハッシュタグを活用することで、ほかのユーザーからの検索数や閲覧数を増やすことができます。投稿にハッシュタグを入れるか入れないかでは、エンゲージメントに大きな違いが出ます。ここでは、効果的なハッシュタグの付け方を紹介します。

第5章 インスタグラムをビジネスに役立てよう

🌟 ハッシュタグの考え方

投稿に関連するキーワードをハッシュタグ（Sec.11参照）として付けることで、同じハッシュタグが付いた投稿をまとめて検索し、閲覧することができます。インスタグラムではキャプション内の文章を検索することはできないため、ハッシュタグの活用がエンゲージメントやフォロワーを増やすための大きなポイントとなります。ハッシュタグは1つの投稿につき30個まで設定できるので、投稿を多くのユーザーに広めるためにも積極的に利用しましょう。

ハッシュタグがなかなか思い付かないという場合は、「ビッグワード」「ミドルワード」「スモールワード」に当てはめると考えやすくなります。たとえば「インスタコスメというブランドのファンデーション」の写真を投稿したい場合、「ビッグワード」は「コスメ」や「化粧品」といった幅広いキーワード、「ミドルワード」は「インスタコスメ」や「ファンデーション」といったある程度限定されたキーワード、「スモールワード」は「インスタコスメのファンデーション」や「インスタコスメの購入」といった目的がはっきりとしたキーワードになります。「ビッグワード」や「ミドルワード」のハッシュタグは競合が多いですが、その情報を探しているユーザーもその分多いです。「スモールワード」はそもそもの母数は少ないですが、自社のターゲットに合っている人が検索してくれる可能性は非常に高いです。この3つのキーワードを毎回バランスよく配置することを意識してみましょう。

●3つのキーワードを意識する（コスメの例）

検索数 ↑

ビッグワード
・コスメ　・化粧品

ミドルワード
・インスタコスメ　・ファンデーション

スモールワード
・インスタコスメのファンデーション
・インスタコスメの購入
・インスタコスメの口コミ

自社や商品のハッシュタグを作る

プロアカウントでは、自社や商品に関するオリジナルのハッシュタグを作り、自主的に発信していくことがおすすめです。たとえば「インスタカフェ」という喫茶店を経営しているアカウントでは、「#インスタカフェごはん」「#インスタカフェ新作」「#インスタカフェモーニング」といったハッシュタグを作ってメニュー紹介の投稿のキャプションに入れることで、ほかのユーザーがカフェのメニュー写真を検索しやすくなります。「インスタデザイン」というアパレルブランドを経営しているアカウントでは、「#インスタデザインコーデ」「#インスタデザインファッション」「#インスタデザインショット」といったハッシュタグを作ってコーディネート紹介の投稿のキャプションに入れることで、コーディネートを探しているユーザーが服の組み合わせを検索しやすくなります。作成したオリジナルのハッシュタグをすべての投稿に付けることで、アカウントのハッシュタグが認知されやすくなるほか、ほかのユーザーが投稿の際にそのハッシュタグを使ってくれるようになるというケースもあります。また、ハッシュタグはキャプションの最後に羅列するアカウントが多いですが、キャプションの文章中に盛り込むのも、自然にハッシュタグを認識してもらいやすくなる手法の1つです。

●オリジナルのハッシュタグを考える

カフェの場合	アパレルの場合
・#インスタカフェ	・#インスタデザイン
・#インスタカフェごはん	・#インスタデザインコーデ
・#インスタカフェ新作	・#インスタデザインファッション
・#インスタカフェモーニング	・#インスタデザインショット
・#インスタカフェランチ	・#インスタデザイン購入品
・#インスタカフェメニュー	・#インスタデザイン新作

●ハッシュタグの例

@jrwest_official

@starbucks_j

Section

60 キャンペーンを開催して フォロワーを増やそう

「アカウントのフォロー」が応募方法となるキャンペーンを開催することで、自社のアカウントや商品に興味を持ってくれるユーザーの獲得を見込めます。応募方法や条件のハードルは低くしすぎず、質の高いフォロワーを獲得できるようにしましょう。

商品を利用したキャンペーンを開催する

インスタグラムでフォロワーを増やすためにもっとも有効な方法は、「フォローを応募方法としたキャンペーン」を開催することです。キャンペーンにはさまざまな種類がありますが、多く実施されているのは自社商品をプレゼントするキャンペーンで、企業側は「フォロワーを獲得できるうえに自社の商品をユーザーに試してもらえる」、ユーザー側は「無料で商品をお試しできる」というWin-Winな企画です。また、プレゼントした商品のレビュー投稿を条件に加えれば、自社商品を第三者目線で発信・宣伝してもらうこともできます。

キャンペーンを知らせる投稿には、必ず写真やキャプションにキャンペーンであることがわかる文言を入れましょう。キャンペーンに応募することでどうなるかのユーザー目線のメリット、キャンペーンの詳細、参加方法、参加期限、当選結果の発表方法、注意事項、キャンペーン用のハッシュタグなどの明記も必須です。なお、現金に相当する賞品はMeta社の規則に抵触する可能性があるため、避けることをおすすめします（例:「ポイント付与」「○○ギフトカード¥1,000分」など）。

キャンペーンはあくまでも一時的なイベントのため、キャンペーン終了後にフォローを外さ

●キャンペーン投稿で明記すること

・キャンペーンのタイトル
写真の1枚目やキャプションにキャンペーンに関する投稿であることがわかる文言

・応募することでどうなるか
「○○をプレゼント」や「投稿内容を紹介」など、参加ユーザーにとってのメリット

・詳細
「アカウントをフォローするとプレゼントがもらえる」「ハッシュタグを付けて投稿すると割引になる」など、何をどうすることでどうなるか

・その他
参加方法、参加期限、当選結果の発表方法、注意事項、キャンペーン用のハッシュタグなど

れてしまう可能性もあります。キャンペーンをきっかけにフォローし続けてもらえるよう、有益なコンテンツの投稿やフォロワーとの交流をおろそかにしないようにしましょう。

●キャンペーンの例

@kameyamannendo

@peacock_official_jp

Memo キャンペーン開催時におすすめの機能

ストーリーズ内の編集機能には、日付を入力するだけでかんたんにカウントダウンを作成してくれるステッカーがあります。キャンペーンの告知をしている投稿をストーリーズに添付し、「重要なお知らせまで」「キャンペーン終了まで」などのタイトルを入力して日付を設定すれば、キャンペーンの情報を見逃しているユーザーにアプローチができます。

Section 61 予約投稿をしよう

インスタグラムの閲覧数、「いいね!」数、コメント数を増やすためには、投稿するタイミングも重要です。自分のアカウントのベストな投稿タイミングを探して、予約投稿をしてみましょう。

第5章 インスタグラムをビジネスに役立てよう

投稿のベストタイミングを決める

インスタグラムは、平日は7〜8時、12〜13時、16時以降に多く利用され、1日の中でもっともユーザーがアクティブな時間帯は20〜22時といわれています。インスタグラムでエンゲージメントを増やすには、投稿したコンテンツを多くのユーザーに見てもらうことが必須です。たとえばインスタグラムの利用ユーザーが少ない深夜に新しいコンテンツを投稿をしたとしても、多くのユーザーがインスタグラムを見る時間帯になる頃には、そのコンテンツは埋もれて表示されにくくなってしまいます。確実にユーザーにコンテンツを見てほしいのであれば、しっかりとタイミングを図って投稿するべきです。

なお、アカウントによってターゲットにしているユーザーや扱っているジャンルは異なります。ターゲットが学生であれば学校が終わる夕方の時間帯、社会人であれば出勤・退勤の電車に乗る時間帯も考慮したほうがよいですし、飲食店などの集客を目的としたアカウントでは、食事前でお腹が空く11時や17時頃に投稿したほうがユーザーに響くというケースもあります。もっとも適した投稿タイミングを検討してみましょう。

しかし、必ずしも目的の時間に投稿ができるとは限りません。店舗のアカウントであれば接客、企業のアカウントであれば打ち合わせなど、本来の業務で投稿に時間を割けない場合もあります。そのようなときは、プロアカウントのみで利用できる「予約投稿」の機能を利用しましょう。あらかじめ指定した時間に投稿を予約しておけば、定期的かつ計画的に投稿を行うことができます。

Memo インサイトのデータを参考にする

「インサイト」機能（Sec.65参照）を利用すると、自分のアカウントのフォロワーが「何時台」にインスタグラムを利用しているのかを「曜日ごと」に確認することができます。この指標を参考にして、投稿のタイミングと頻度を決めるのもよいでしょう。また、投稿のタイミングだけでなく、投稿の頻度も重要です。ストーリーズの投稿は1日1回、フィードの投稿は2日に1回など、しっかりと吟味した内容を適切な頻度で投稿するようにしましょう。

✦ 予約投稿をする

1 フィードやリールの「新規投稿」画面で、[詳細設定] をタップします。

2 「この投稿を日時指定」の　をタップします。

3 画面下部の日付を上下にスワイプして投稿日時を設定し、[完了] をタップします。

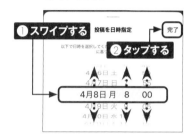

4 日時が設定されたことを確認し、画面左上のくをタップします。

5 [日時指定] をタップすると、設定した日時に自動で投稿が行われます。

Section

62 ショッピング機能を活用しよう

インスタグラムには、自社商品の販売ページを投稿に紐付けし、ユーザーをスムーズに購入に誘導することができるショッピング機能があります。自社商品の販路拡大や販売効率の向上に役立てましょう。

ショッピング機能とは

プロアカウントを持つ企業やブランドは、インスタグラムのショッピング機能を利用できます。この機能を利用すると、自社商品の販売ページをインスタグラム内に作成し、アカウントのプロフィールや投稿に販売ページを掲載できるようになります。投稿と商品をリンクさせると、ユーザーは外部サイトに移動することなくスムーズに商品を購入できるため、購入プロセスが簡略化される分、購買につなげやすくなるというメリットがあります。また、自社のアカウントのフォロワーは、ほとんどが自社の商品に興味や関心を持ってフォローしてくれているユーザーのはずです。ターゲットとするユーザーに投稿を通じて商品を確実にアピールできるのもメリットであるといえます。ショッピング機能は無料で利用できるため、コストをかけずに商品を販売したい場合は、導入を検討してみましょう。

●ショッピング機能を利用しているアカウントの例

@cainz_official

⚙ ショッピング機能を追加する

ショッピング機能を追加するには、Facebookのビジネスページを作成し、Facebookコマースマネージャで自社の商品の情報を登録したカタログを作成して、インスタグラムのプロアカウントと紐付けるという工程が必要です。また、商品を販売するにはFacebookアカウントとページ、またはインスタグラムのプロアカウントが5つの要件を満たしたうえで審査を通過しなければなりません。なお、ショッピング機能で販売できる商品には制限があります。Facebookの「利用規約とポリシー」から、販売が禁止されているコンテンツ、制限されているコンテンツを事前に確認しておきましょう。

● Meta for Business

https://www.facebook.com/business/tools/facebook-pages/get-started

● ショッピング機能を利用するための要件

①FacebookとInstagramのポリシーに準拠していること
②該当するビジネスとドメインに紐付いていること
③所在地がコマース機能を利用できる国や地域であること
④信頼性を示すこと
⑤正確な情報を提供し、ベストプラクティスに従うこと

https://www.facebook.com/business/help/2347002662267537

● 販売が禁止・制限されているコンテンツ（一部抜粋）

Facebookコミュニティ規定に違反するもの／成人向け製品／アルコール／デジタルメディアおよび電子機器／証書、通貨および金融商品／ギャンブル／土地、動物および動物関連商品／医療・ヘルスケア製品／販売する商品がないもの／医薬品、薬物および麻薬に関連する器具／リコール対象製品／サービス／サブスクリプションおよびデジタル製品／タバコ製品や関連する器具／使用済みの化粧品／自動車部品とアクセサリー／武器、弾薬および爆発物／イベントチケットまたは入場チケット／ギフトカードおよびクーポン／ペット里親マッチングサービス など

https://www.facebook.com/policies_center/commerce

ビジネスチャットを活用しよう

プロアカウントでは、ユーザーからのメッセージを受け付けるビジネスチャットを利用できます。メッセージをフォルダに振り分けて整理したり、テンプレートを使ってスムーズに返信したりすることが可能です。

ビジネスチャットを利用する

1 ホーム画面右上の⊚をタップします。

2 デフォルトでは、ユーザーからのメッセージ受信は承認制になっています。[リクエスト]をタップします。なお、承認不要ですべてのメッセージを受信したい場合は、P.137手順②の画面で[メッセージコントロール]をタップし、メッセージリクエストを受信しない設定にしましょう。

3 確認したいメッセージをタップします。

4 [承認]をタップします。

⑤ メッセージの移動先をタップします。

⑥ 通常のメッセージ（Sec.24参照）と同じ操作で、メッセージを送信します。

返信テンプレートを利用する

① P.136手順②の画面で…をタップし、[ツール]をタップします。

② [返信テンプレート]をタップします。なお、[よくある質問]をタップすると、チャット開始時にユーザーにサジェスト表示される質問を設定できます。

③ [新しい返信テンプレート]（2回目以降は＋）をタップします。

④ 「ショートカット」に任意のキーワードを入力し、「メッセージ」に返信テンプレートを入力したら、[保存]をタップします。ユーザーからのメッセージに返信する際、メッセージ入力欄に作成したショートカットを入力し、💬をタップすると、返信テンプレートが挿入されます。

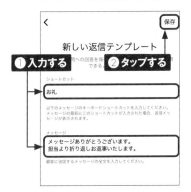

137

Section

64 ノートを使ってテキストを投稿しよう

ノートは、ストーリーズのように24時間で自動的に削除されるテキストを投稿できる機能です。投稿できるのは最大60文字のテキストのみのため、ストーリーズよりも手軽にリアルタイムの情報を伝えることが可能です。

❖ ノートを投稿する

① ホーム画面右上の◉をタップします。

② 「自分のノート」の［ノートを入力…］をタップします。

③ ［ノートを入力…］をタップします。

Memo 公開範囲を設定する

手順③の画面で［共有範囲］をタップすると、ノートの公開範囲を「フォローバックしているフォロワー」または「親しい友達」のどちらかを選択できます。「親しい友達」は、P.96を参考にリストを作成する必要があります。なお、ノートにコメントを付けることはできますが、ノート上でほかのユーザーと交流することはできません。

キャンセル	共有範囲	完了
🔄 フォローバックしているフォロワー		●
⭐ 親しい友達 0人 >		

④ 投稿したい内容を入力し、[シェア] をタップします。

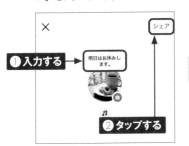

① 入力する
② タップする

⑤ 投稿が完了します。

ノートが投稿される

❀ 新しいノートを投稿する

① 「自分のノート」の投稿をタップします。

タップする

② 新しいノートを投稿する場合は、[新しいノートを残す]をタップします。[ノートを削除]をタップすると、ノートが削除されます。なお、一度投稿したノートは編集できません。

タップする

③ 新しく投稿したい内容を入力し、[シェア] をタップします。

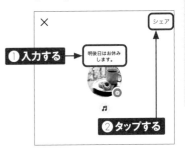

① 入力する
② タップする

④ 新しい投稿が表示されます。ノートは同時に複数投稿することはできず、新しいノートを投稿すると、その前に投稿されたノートに上書きされます。

ノートが更新される

139

Section

65 インサイトで効果を分析しよう

「インサイト」とは、自分のアカウントの投稿の閲覧数や保存数、フォロワーの性別や年齢、アクセス時間帯などといったさまざまなデータを見ることができる機能です。このデータをもとに、今後の投稿の方向性や改善策を考えることができます。

✦ インサイトとは

「インサイト」は、インスタグラムに搭載されている分析ツールのことを指し、運用しているアカウントの反応の多い投稿、フォロワーの属性、よく見られている時間帯などを細かくチェックすることができます。アカウント全体のインサイトでは「リーチしたアカウント数」（投稿を1回以上閲覧したアカウント数）、「アクションを実行したアカウント」（「いいね!」やコメントなど、投稿に対してのアクション）、「合計フォロワー」（性別、年齢、アクティブな時間など）を、過去に投稿したコンテンツのインサイトでは「リーチしたアカウント」、「アクションを実行したアカウント」のデータ取得が可能です。これまでのユーザーからの反応がよかった投稿、悪かった投稿を比較したり、そのデータをもとに写真やキャプション、タイミングを改善したりと、今後の運用の方向性を定めるためにも役立ちます。インサイトは定期的にチェックし、課題の発見と改善を繰り返すことが重要です。プロフィール画面の［プロフェッショナルダッシュボード］をタップし、「インサイト」から気になるデータの数値をチェックしてみましょう。なお、「インサイト」で表示される項目はアカウントによって異なる場合があります。

① プロフィール画面で［プロフェッショナルダッシュボード］をタップします。

② 「インサイト」から任意の項目をタップして数値を確認できます。

●リーチ

P.140手順②の画面で［リーチした
アカウント］をタップすると、投稿
やストーリーズなどを1回以上閲覧
したアカウントの数を確認できます。

●フォロワー

P.140手順②の画面で［合計フォロ
ワー数］をタップすると、フォロワー
の合計数、フォロワーの性別、年齢、
居住地、もっともアクティブな時間
帯などを確認できます。なお、詳細
データを取得するためには100人以
上のフォロワーの獲得が必要です。

●エンゲージメント

P.140手順②の画面で［アクション
を実行したアカウント］をタップす
ると、「いいね！」やコメントなどの
アクションを起こしたアカウントの
数を確認できます。

●コンテンツ

P.140手順②の画面で［あなたがシェ
アしたコンテンツ］をタップすると
投稿、リール、ストーリーズ、動画、
ライブ配信のインサイトを確認でき
ます。表示される項目はコンテンツ
によって異なり、任意の期間と指標
のデータの表示が可能です。

Sec.65では、アカウント全体のインサイトを確認する方法を紹介しましたが、投稿1件ごとのインサイトを確認することも可能です。「いいね!」や閲覧数の多い投稿を把握して、今後の運用の参考にしましょう。

① プロフィール画面で、インサイトを確認したい投稿をタップします。

② [インサイトを見る] をタップします。

③ 投稿のインサイトを確認できます。

「インサイト」の「あなたがシェアしたコンテンツ」からも、各投稿のインサイトを確認できます。また、画面上部のタブの「すべて」から「ストーリーズ」や「リール」に絞っての確認も可能です。

第5章 インスタグラムをビジネスに役立てよう

第 **6** 章

たくさんの人に見てもらう
投稿のコツを知ろう

Section

66 インスタグラムで投稿が表示されるしくみを知ろう

インスタグラムで表示されるコンテンツは、ユーザーの好みに合わせてパーソナライズされています。ここではインスタグラムのコンテンツ表示の特性と、それが影響する場所について説明します。

投稿が表示されるしくみ

普段インスタグラムを利用していると、フォローしていないアカウントの投稿が表示されることがあるかと思います。インスタグラムは、ユーザーの閲覧履歴や行動履歴を分析し、好みに合ったコンテンツを自動で表示するしくみ（アルゴリズム）を採用しています。これにより、過去に閲覧した投稿、「いいね!」やコメントをした投稿に類似したアカウントのコンテンツが優先的に表示されるようになっているのです。たとえば、犬や猫の画像や動画をよく見る人には動物関連の投稿が表示され、コスメやスキンケアの情報を検索している人には美容関連の投稿が表示されます。仮に他人と同じアカウントをフォローしていても、個々のユーザーの閲覧履歴や行動履歴によって、表示されるコンテンツは異なります。

●動物に興味関心があるユーザー

●美容に興味関心があるユーザー

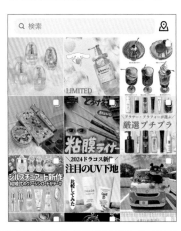

発見画面をはじめとするさまざまな場所で、ユーザーにとって興味や関心があると思われるコンテンツが優先的に表示されるようになっています。

✛ アルゴリズムが影響する場所

インスタグラム上では、ほぼすべての場所にアルゴリズムが影響しています。Sec.67で詳しく説明する発見画面以外にも、ホーム画面上部のストーリーズ、フィード、ハッシュタグの検索画面、リール画面などでユーザーの興味関心に基づいたコンテンツが優先的に表示されます。

●ストーリーズ

ストーリーズエリアでは、過去の閲覧回数や「いいね！」をした数が多いアカウントのストーリーズが左側に表示されやすくなっています。

●フィード

ホーム画面のフィードの投稿は、時系列ではなく基本的にはおすすめ順に並んでいます。

●ハッシュタグの検索

検索画面でハッシュタグを検索したときに表示される結果は、ユーザーの興味や関心によって順番が変わります。

●リール

リール画面でスワイプして表示される動画は、過去に長時間視聴したアカウントや「いいね！」やコメント、保存などを残したリールに類似するおすすめが表示されます。

発見画面に表示されやすく するコツを知ろう

発見画面に自社アカウントのコンテンツを表示させるには、3つの指標を理解して適切な施策をとることがポイントとなります。この指標と、自社アカウントのブランド、商品、サービスなどの世界観をどう掛け合わせていくかが重要です。

⚙ 発見画面に表示されやすくするコツ

Sec.66では、インスタグラムで投稿が表示されるしくみと、それが適用される場所について説明しました。発見画面はとくにアルゴリズムの影響が大きく、過去に閲覧した投稿、「いいね!」やコメントした投稿、シェアや保存をした投稿に類似したコンテンツが表示されます。この発見画面に自社アカウントの投稿を表示させることができれば、多くのユーザーの目に留まり、「いいね!」、コメント、シェア、保存などのエンゲージメントを獲得しやすくなります。エンゲージメントが増えるとさらに発見画面に表示されやすくなり、自社アカウントの情報をより効率的に届けられる良質なサイクルが生まれます。

インスタグラムでビジネス用のアカウントを運用する目的として、たとえば「認知を広げたい」「ECサイトへ誘導したい」などさまざまあると思いますが、いずれもターゲット層に情報が届かなければ意味がありません。アルゴリズムを理解して適切な施策ができれば、狙ったターゲット層へのアプローチがしやすくなります。

インスタグラムのアルゴリズムで測られるのは、おもに「アカウントとの親密度」「コンテンツへの関心度」「アカウント・コンテンツの新規性」の3つと考えられています。ブランドや投稿するコンテンツそのものの魅力はもちろんですが、アカウントとフォロワーとの強いつながりも判断基準となっているようです。これを理解している企業やインフルエンサーは、ほかのユーザーの興味や関心の高いコンテンツを投稿し、フォロワーと積極的に交流することを実践しています。

● アルゴリズムを形成する3つの指標

✤ アカウントとの親密度

自社アカウントのプロフィール画面にどれだけアクセスされたか、投稿をどれだけ長く閲覧してもらえたか、コメントやメッセージのやり取りの頻度などを示すのが、「アカウントとの親密度」です。アカウントとの親密度を高めるためには、以下のような施策が有効です。

● アカウントを回遊させる仕掛けを投稿に取り入れる

1投稿の閲覧で終わらず、アカウントのプロフィール画面に移動し、ほかの投稿も閲覧してくれるユーザーは、そのアカウントと親密な関係にあると判断されます。そのため、投稿のキャプションや画像に「ほかにも○○について投稿してるのでプロフィールからほかの投稿もチェックしてね」というように、プロフィールへ移動させる仕掛けを取り入れるとよいでしょう。

● 投稿への閲覧時間（アカウントへの滞在時間）を増やす

「いいね!」やコメントなどを獲得するだけでなく、投稿をじっくり見てもらうことなど、ユーザーが自社アカウントにどれくらい滞在してもらっているかも、親密度に影響します。キャプションを読む時間や画像を見る時間も滞在時間に含まれるため、適切な量は心がけつつ、読みたくなるワード選定や改行など読みやすさに留意し、画像も1枚だけではなく複数枚投稿するとよいでしょう。

● ユーザーとのコミュニケーションを大切にする

ユーザーからコメントをもらうだけでなくきちんと返信するなど、普段からユーザーとコミュニケーションをとっているアカウントほど、まだフォローされていないユーザーへおすすめの投稿として表示されやすくなる傾向があります。また、「ダークソーシャル」と呼ばれる第三者からは確認できないやり取り（ストーリーズのアンケート機能や質問機能、メッセージ機能など）を活用すると、インスタグラム側にアカウントとユーザーの親密度が高いと判断されます。

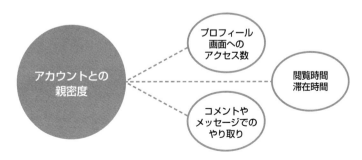

⚙ コンテンツへの関心度

投稿に対してどれぐらいの「いいね!」、コメント、シェア、保存がされてるかを示すのが、「コンテンツへの関心度」です。関心度の高いユーザーに向けては、以下のような施策が有効です。

● ユーザーの関心度が高いコンテンツを把握する

関心度の高いユーザーの特徴や傾向をインサイト（Sec.65参照）で把握し、興味を持ってもらいやすいコンテンツの共通点を考察できます。ユーザーが求めるコンテンツを提供できれば、さらなるファン化のきっかけとなるほか、「いいね!」、コメント、シェア、保存などのアクションを起こしてもらいやすくなり、自社アカウントへの関心度がより高まります。

● コミュニケーションの機会を自ら作る

関心度の高いユーザーからのアクションを待つだけではなく、自らユーザーの投稿に対して「いいね!」やコメントを送ると、リアクションが返ってくる可能性が大幅にアップします。これは、好意に対してお返ししたくなる「返報性の法則」がはたらくためです。また、ストーリーズで募集した質問に対してメッセージで回答したり、アンケートに投稿してくれたユーザーにお礼のメッセージを送ったりなど、投稿したストーリーズに反応してくれたユーザーとメッセージでやり取りするのもおすすめです。

● タップしてもらう工夫を取り入れる

「いいね!」やコメントなど、目に見えるアクションだけで関心度を測られているわけではありません。投稿のキャプションは最初から全文表示されておらず、[...続きを読む]をタップすることで、初めてキャプション全文が表示されます。この[...続きを読む]のタップにより、ユーザーが続きを知りたがっていると判断されるため、キャプションの1文目はこだわるとよいでしょう。

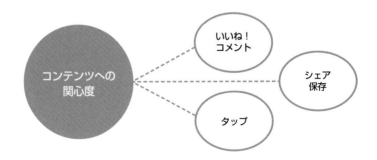

●ストーリーズのシェア機能を活用する

ユーザーに自社アカウントをメンションしてもらえたら、その投稿をストーリーズでシェアしましょう。たとえば飲食店のアカウントであれば、来店してくれたユーザーの投稿やストーリーズをシェア機能で紹介できます。ユーザーは自分の投稿が紹介されたことに喜びを感じ、よりアカウントや店舗に対しての関心を高めてくれるようになるでしょう。そのストーリーズを閲覧したほかのユーザーも、他者からの評価を参考に自社アカウントに興味を持ってくれることを期待できます。

⚙ アカウント・コンテンツの新規性

アカウントの活発度や投稿の新鮮度を示すのが、「アカウント・コンテンツの新規性」です。フィードでは、24時間以内に投稿された新しいコンテンツが表示されやすくなる仕様になっています。ユーザーから見たアカウントまたはコンテンツの新規性を保つためには、以下のような施策が有効です。

●見られやすい時間帯と適切な頻度で投稿する

インスタグラムでは、ユーザーが多く集まり投稿が見られやすい時間帯が存在します（P.132参照）。ユーザーのアクション数だけでなく、投稿後のリアクションの早さも重要なため、よく見られる時間に投稿することで、リアクションの初速を期待できます。ただし、ターゲット層によって活発な時間帯は異なります。インサイトからフォロワーのアクティブな時間帯を確認し（Sec.65参照）、予約投稿の機能を活用しながら（P.133参照）、適切な時間帯と適切な頻度で投稿するようにしましょう。また、投稿後はストーリーズのシェア機能で更新を知らせるのがおすすめです。

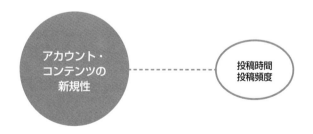

Section

68 目的に応じてフィードと リールを上手に使い分けよう

発見画面に自社アカウントのコンテンツを表示させるためには、フィード投稿とリール 投稿、そしてユーザーのアクションが重要です。それぞれの特徴を把握し、自社アカ ウントの方向性に合った施策に取り組みましょう。

✦ フィードとリールの違い

自社アカウントのコンテンツを発見画面で優先的に表示させるためには、フィードとリール に投稿するコンテンツと、それに対するユーザーのアクションがポイントになります。まずは、 フィードとリールの投稿できるコンテンツ数や表示などの特徴を確認しておきましょう。

フィードは、インスタグラムのホーム画面に表示される基本的な投稿です。フィードでは1 投稿につき画像や動画を10件まで投稿できるため、ブランド、商品、サービスの魅力を 最大限に伝えることが可能です。リールのように動画の再生時間や音声の有無に左右さ れず、ユーザー自身のペースで投稿を閲覧できます。フィードの投稿が表示される場所は リールに比べて少ないですが、すでにフォローしてもらえているユーザーのフィードには確実 に表示されるため、既存フォロワーに知ってほしい情報をしっかりと届けることができます。 リールは、最大180秒のショート動画を投稿できる機能です。1投稿につき1本の動画し か投稿できませんが、音声やテロップを組み合わせることで、フィードよりもにぎやかで臨 場感のある投稿に仕上げることができます。そのほかにも、短時間で多くの情報を伝えら れる、イメージを直感的に伝えやすい、などのメリットがあります。また、リールは発見画 面をはじめとするさまざまな場所に表示されやすいため、認知拡大や新規流入を狙うビジ ネス用のアカウントでは、積極的に取り入れるべきコンテンツといえます。

●フィードとリールの違い

	フィード	リール
投稿できる コンテンツ数	画像：1 ～ 10枚 動画：2 ～ 10本 ※動画1本のみの投稿は自動で リールに変換される	動画：1本
表示場所	ホーム画面（フィード） 検索画面（検索結果） プロフィール画面	ホーム画面（フィード） 発見画面（おすすめ） 検索画面（検索結果） リール画面 プロフィール画面

✦ 目的に応じてフィードとリールを使い分ける

フィードとリールは、それぞれ目的に応じて使い分けることが重要です。

たとえば、フィードは基本的に既存フォロワーのみに表示されるため、「いいね!」、コメント、シェア、保存といったエンゲージメントの獲得に適しています。自社アカウントに興味を持ってフォローしてくれたユーザーのために、ブランドや商品のストーリーやメッセージをより深く知ってもらうための投稿をするようにしましょう。フィードでは1投稿につき複数の写真や動画を投稿できるため、商品の特徴や使い方、製造過程などをキャプションとあわせて詳しく紹介することが可能です。また、リールよりもじっくりと時間をかけて投稿を閲覧してもらいやすいため、深く詳細な情報を伝えやすい場所といえます。フィードの投稿のポイントは、Sec.69を参照してください。

一方のリールは、既存フォロワー以外に未フォローのユーザーにも表示されやすいという特徴があります。投稿の閲覧人数（リーチ）や表示回数（インプレッション）の増加につながりやすいコンテンツのため、フォロワーが少ないアカウントや認知度の低い商品を扱うアカウントの場合、未フォローのユーザーに情報を届け、まずはアカウントや商品の認知拡大を図るのに適しています。また、リールはスマートフォンに全画面で表示されるため、ブランドや商品の魅力を最大限にアピールすることができます。画像よりも質感、動き、音などを明確に伝えられるため、ユーザーの関心も高められるでしょう。リールの投稿のポイントは、Sec.70を参照してください。

なお、エンゲージメント数やインプレッション数ももちろん大切ですが、いかにアカウントへの滞在時間と投稿の閲覧時間を延ばすかを意識するようにしましょう。ユーザーが長く楽しみたくなるコンテンツを作れるかが、アカウントの成長や認知拡大につながります。

●フィードとリールの使い分け

	フィード	リール
ターゲット	フォロワー	未フォローのユーザー
投稿内容	深く詳細なコンテンツ	一瞬で引き込まれるコンテンツ
狙い	エンゲージメント（「いいね!」、コメント、シェア、保存）の獲得	リーチ（投稿の閲覧人数）、インプレッション（投稿の表示回数）、新規流入の獲得

フィードの投稿テクニックを知ろう

フィード投稿では、ユーザーがコンテンツを理解し興味関心を抱き、アクションを起こしやすくするための工夫が重要です。ここで紹介するテクニックはすぐに実行できるものばかりなので、ぜひ自社アカウントに取り入れてみてください。

縦長画像を投稿する

インスタグラムでは、フィードで縦に長い画像を投稿することで、ユーザーの投稿の閲覧時間およびアカウントへの滞在時間を延ばす効果があります。これは、通常の正方形や横長の画像よりも、縦長の画像のほうが画面をスクロールする際に目に留まりやすく、ユーザーがコンテンツに注目しやすいためです。また、写真のサイズが大きいとインパクトを与えることができるため、「いいね!」、コメント、保存などの反応（エンゲージメント）の獲得にもつながりやすくなります。

●縦長比率の画像を投稿している例

縦長の画像を投稿するほうがフィード上で目立ちやすく、ユーザーの目に留まりやすくなります。同じ画像でも横長より縦長の比率のほうが大きく表示されるため、インパクトも与えやすくなります。

✤ 複数枚の画像や動画を投稿する

フィードでは、1つの投稿につき最大10件の画像や動画を投稿でき、これを「カルーセル投稿」と呼びます。カルーセル投稿では、画像や動画をすべてを閲覧するために、ユーザーが画面を左右にスワイプする必要があります。このスワイプをする時間分、アカウントへの滞在時間と投稿の閲覧時間を延ばすことができます。1枚よりも2枚、2枚よりも3枚と、1投稿あたりのコンテンツが多ければ多いほど、充実した情報を伝えることができるだけでなく、ユーザーのアカウントへの滞在時間と投稿の閲覧時間も延ばすことができるようになるのです。

また、「フィードでカルーセル投稿の1枚目ではなく2枚目から表示される」という現象を経験したことがある人は多いのではないでしょうか。これは、カルーセル投稿の1枚目だけを見てアプリを閉じたり、画面をスクロールしている中で投稿を見逃したりしてしまった場合に起こります。一度フィードに表示されたにもかかわらず閲覧されなかったカルーセル投稿は、次回以降は2枚目から表示されるという仕様になっているのです。この仕様により、投稿の表示回数（インプレッション）の増加、つまりアカウントとユーザーの接触回数を増やすことにもつながります。

●カルーセル投稿は滞在時間と閲覧時間が増える

複数枚の画像や動画を一度に投稿するカルーセル投稿は、画面を左右にスワイプする分のアカウントへの滞在時間と投稿の閲覧時間を獲得できます。

✦ 画像や動画に文字を入れる

インスタグラムの画像や動画に文字を入れた投稿には、アカウントへの滞在時間およびユーザーの投稿の閲覧時間を延ばす効果があります。これは、シンプルにキャプション以外で文字を読む時間が増えるためです。

また、文字の入った画像や動画は情報量の多さから保存してもらえる可能性が高くなり、保存された投稿はあとで見返される可能性も高まるため、継続的な閲覧時間の獲得にもつながります。より多く保存してもらうためには、1投稿で充実した情報を得られるよう、参考値（P.124参照）の高い内容の文字を入れることを意識しましょう。

さらに文字の入った投稿は、発見画面からの流用も狙うことができます。発見画面に惹きのあるフレーズが入った投稿が表示されると、ユーザーも気になってつい見てしまうものです。投稿の1枚目にはタイトルのような形で興味を持たれやすい文字を入れると効果的です。

● 画像に参考値の高い文字を入れた投稿の例

@minon_official_jp

たとえば美容商品を紹介する投稿であれば、1枚目には「今話題の○○使ってみた！」「この季節に手放せない○○3選」「新発売アイテムのカラー比較」などの文字入れが考えられます。2枚目以降は概要や値段、使い心地など、商品の詳細を伝える文字を入れるとよいでしょう。

✦ ユーザーに次の行動を促す

カルーセル投稿の場合、最後の画像には「いいね!」やコメント、シェアや保存といった、ユーザーに次の行動を促す文言を入れておきましょう。ユーザーからのアクション（エンゲージメント）が多いほど良質な投稿だと判断され、フィードや発見画面に投稿が表示されやすくなります。興味や関心の高い投稿でも、「いいね!」やコメントをせずに離脱してしまうユーザーも少なくないため、こちらから行動を促すことが大切です。「いいね!・コメントお待ちしております」「保存するといつでも確認できるようになります」といった文言を付けておくことをおすすめします。

また、キャプションに「ほかの投稿を見る」というテキストとともに自社アカウントをメンションし、プロフィールに誘導するのもよいでしょう。アカウントへの滞在時間を延ばせるほか、過去の投稿を閲覧してもらえるきっかけにもなるため、表示回数（インプレッション）の向上にも期待が持てます。

●次の行動を促す文言を入れた投稿の例

@cainz_official

@irisplaza_official

✳ コメントを促すキャプションを付ける

企業やブランドなどのアカウントは、一般ユーザーからの「いいね!」は比較的付きやすく、コメントは付きにくいという傾向があります。そのため、気軽にコメントをしてもらえるような工夫が必要になります。P.155で説明したように、ユーザーの次の行動（「いいね!」、コメント、シェア、保存、プロフィールへの遷移）を画像内で促すのはもちろん、キャプションにも同様にコメントを促す文言を入れましょう。

たとえば、「○○がいいと思う人はハートの絵文字、△△がいいと思う人は星の絵文字でコメントしてね」といったコメントを促す内容をキャプションに入れることで、ユーザーに対して具体的なコメントの方法を提示することができます。絵文字でのコメントは投稿へのアクションのハードルを低くできるため、コメントが付きやすくなります。ユーザーがコメントしやすい環境を作り、コメント数が徐々に増えてきたら、コメントを促すキャプションを投稿内容に関連した質問や意見を求める内容に変更してみましょう。ユーザーのニーズを収集しながら、エンゲージメントの向上につなげることができます。

●キャプションでコメントを促す投稿の例

@starbucks_j

絵文字を指定するなど、コメント投稿へのハードルが低くすることで、コメント数アップに期待が持てます。また、ユーザーの投稿へのアクションを習慣化させる効果もあります。

⊛ アンケートを実施する

これまでストーリーズやリールのステッカーのみでしか利用できなかったアンケート機能が、フィードでも利用できるようになりました。キャプションを入力する画面（P.25手順⑤の画面参照）で［アンケート］をタップすると、アンケートの質問と回答項目を作成できます。ユーザーはキャプション内の［投票する］をタップすることで、アンケートへの回答ができるようになります。

アンケートで質問する内容は、自社アカウントの商品やサービスに関すること、ユーザーの趣味や嗜好に関することなどがよいでしょう。ユーザー側はアンケートで自分の意見を投稿者に直接伝えることができるため、アカウントや投稿に対しての関心度や親近感が深まります。投稿者側はアンケートの回答結果からユーザーのニーズを知り、今後の投稿や商品企画に役立てることができるようになります。

また、アンケート機能はエンゲージメントを高める手法でもあります。アンケート機能では最大4つの回答項目の設定が可能ですが、「そのほかの回答はコメントにお願いします」という項目を作成すれば、項目に当てはまらない意見をコメントで得ることができます。アンケートの回答だけでなくコメントの数も増やせるため、より多くのエンゲージメント獲得が期待できます。

●アンケート機能を使った投稿の例

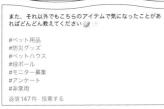

@nekoto_bando

投稿者はキャプションの作成時に［アンケート］をタップすることでアンケートを設定でき、ユーザーはキャプション内の［投票する］をタップすることでアンケートに回答できます。ユーザーの意見を直接収集できるだけでなく、エンゲージメントを高めることができるメリットもあるため、積極的に利用しましょう。

Section 70 リールの投稿テクニックを知ろう

リールでは、フォローされていないユーザーにも興味・関心を持ってもらえるような動画を投稿することが重要です。冒頭でインパクトを与えつつ、最後まで視聴してもらえるような楽しい構成を心がけるとよいでしょう。

🔅 最初の1秒で興味を惹く

リールをはじめとするショート動画は、冒頭1〜2秒で視聴されるかどうかが決まるといわれています。ショート動画は画面を上下にスワイプするだけで瞬時に次の動画に切り替わる、スピード感のあるコンテンツだからです。そのため、動画の冒頭で興味を持ってもらえなければ、すぐ次の画面へとスキップされてしまいます。最初の1〜2秒で大きな印象を与えるためには、冒頭でインパクトのあるテロップ、アフレコ、画像などを入れることが有効です。

● 冒頭に入れるテロップやアフレコの例

- ・○○は実は…
- ・○○を試してみた結果を発表します
- ・これ知ってますか？
- ・おすすめの○○5選
- ・今話題の○○を紹介します
- ・どの○○が好きですか？

Memo おすすめの動画編集アプリ

インスタグラム内の機能でも動画編集は可能ですが、よりこだわって動画を作りたいという場合は、動画編集アプリを利用しましょう。字幕やカット、モザイク適用など、あらゆる編集を1つのアプリで行うには「VLLO」、アフレコやテキストの読み上げ、クロマキー合成などを利用するには「CapCut」がおすすめです。

● VLLO

VLLO、Vlog のための初めてのビデオエデ…
vimosoft

入手 アプリ内課金

● CapCut

CapCut - 動画編集アプリ
ビデオ編集,写真加工,音楽

入手 アプリ内課金

続きが気になる構成にする

アカウントへの滞在時間やリールの閲覧時間を延ばすには、リールを最後まで再生してもらうための施策が必要です。最初の1秒で興味を持ってもらうことができても、途中で離脱してほかのリールに移られてしまっては意味がありません。続きが気になる構成を作り、最後まで再生してもらえるような工夫を取り入れましょう。

具体的には、動画を最後まで見ないと結果や全貌がわからないような構成にすることや、情報を見逃すわけにはいかないと感じさせるテロップやアフレコを入れることが考えられます。動画の冒頭で映像の一部を先に見せることで、続きが気になる展開につなげるのも有効です。さらに、動画の最後に次回予告のようなカットやテロップを入れることで、次の動画を再生するためにフォローしてもらえる可能性も高まります。

ショート動画では、1秒1秒が非常に貴重な時間です。無駄な間や説明は省き、「とにかく簡潔に」かつ「誰でもわかる言葉で」構成するように心がけましょう。また、テンポのよさも重要です。短いカットをテンポよくつなぎ合わせ、ユーザーが飽きないように編集しましょう。素材やアフレコをやや早めの1.5倍速などに編集することで、ユーザーがほしい情報をスピーディーに伝えることができます。テンポが速いリールにすると、一度で内容を理解できなかったユーザーが何度も見返してくれるため、滞在時間を延ばす施策としても効果的です。ただし、明らかにテンポが速すぎる動画はユーザーにストレスを与えてしまうため、1.5倍速以上にする場合は、伝えたいことが理解できるか客観的にチェックをしましょう。これらの工夫をすることで、「なにこれ?」「続きが気になる」といった好奇心を煽り、視聴維持率の向上を狙えます。

●続きが見たくなる構成の例

「夏のコーディネート6スタイル」を紹介するリールです。6パターンすべてのコーディネートを見たくなる構成のため、ユーザーの滞在時間、視聴時間を延ばすことにつながっています。

✤ 流行りの音源を使用する

インスタグラムの公式の発信でも、「注目を集めるリールを作成するコツ」としてサウンドやエフェクトを駆使することが記載されています。実際にリールの80%以上がサウンドオンで視聴されているとのデータもあるようです。

音源を選ぶポイントはいくつかありますが、もっとも重要なのは、流行りの音源を使用することです。ユーザーが聴き慣れたトレンドの音源が採用されているリールは視聴のきっかけにつながりやすく、最後まで再生してもらえる傾向があります。また、インスタグラムでは音源からリールを探せる機能もあるため、流行りの音源を使うことで、その音源を検索したユーザーの目にも留まりやすくなります。

流行りの音源は、リールの音源を選定する画面の「おすすめ」からチェックしてみましょう。急上昇の音源や、各音源が何件のリールで使用されているかがわかるので、音源選びの参考にできます。また、TikTokで流行った音源があとからインスタグラムでも流行るケースもあるため、TikTokで流行り始めた音源を使ってみるのもよいでしょう。

ただし、流行っているからという理由だけで音源を選ぶのはよくありません。元気な動画ではアップテンポで明るい曲、落ち着いた動画では少しゆったりとした曲など、動画のテイストに合わせて変更してみましょう。

さらに音源を選ぶ際には、テンポも重要です。テンポの速い音源が使われているリールはエネルギッシュな印象を与え、ユーザーに飽きられることなく最後まで再生してもらいやすくなります。動画のテイストによってはスローテンポの音源が合う場合もありますが、ユーザーが途中で退屈してしまい、視聴維持率が低くなってしまう可能性があるので注意しましょう。

● ユーザーは音源からリールを検索できる

視聴中のリールに表示されている音源のサムネイルをタップすると、その音源が使用されているリールを一覧表示できます。ここから視聴のきっかけにつながることもあります。

● おすすめを参考にして音源を選ぶ

リール作成の音源選択画面では、インスタグラムがおすすめする音源が優先的に表示されます。ここでは、リールに使用されている数や急上昇の音源（ ↗ ）を確認できます。

⚜ 反応がよかったストーリーズをリールに投稿する

ストーリーズをたくさん投稿しているアカウントでは、インサイト（Sec.65参照）を確認して反響のあったストーリーズをリールとして再投稿するのもおすすめです。ストーリーズは24時間で削除されてしまう一時的なコンテンツであるため、リールに再利用することでより多くの人に見てもらえる機会が増えます。

ストーリーズのアーカイブ画面では、複数のストーリーズを組み合わせてリールを作成する機能があります。そこからテロップや音源を追加するなどして、1本の動画として成り立つ仕上がりにまとめましょう。

●ストーリーズをリールに再投稿する

過去に投稿したストーリーズの画面で［作成する］→［リール動画］の順にタップすると、ストーリーズをリールに変換して編集・投稿ができます。

Memo 広告色を抑えたリールを作成する

ビジネス用のアカウントであっても、堅苦しく広告色の強いコンテンツは避けられやすい傾向にあります。広告色を抑えるためには、「価格よりもブランドや商品の魅力を全面的に押し出す」「第三者目線でブランドや商品を紹介する」「一般ユーザーが身近に感じてもらえる内容にする」などの工夫が考えられます。動画内で伝えきれない情報がある場合は、キャプションに入力するようにしましょう。

column | インスタ映えはもう古い?

● 「インスタ映え」のブーム

インスタグラムに投稿した際に見栄えがよく、写真が映えるコンテンツを「インスタ映え」と呼びます。おもに視覚的に魅力的な要素を含む商品、体験、施設などがインスタ映えの対象となります。この言葉は2017年には流行語大賞にも選ばれるなど、社会的にも大きな注目を集めました。インスタ映えを追求したビジネスも盛んになり、多くのインスタグラムユーザーが自身の投稿において、インスタ映えを意識するようになりました。これには、SNSの普及やビジュアル重視の傾向、インフルエンサーの影響力、自分を価値ある存在として認められたいという承認欲求など、さまざまな要素が背景にあったと考えられます。

しかし、インスタ映えに過度にこだわることで、現実との乖離や消費文化の促進、環境への負荷、心理的影響などが懸念されるようになりました。とくに、インスタグラム上での「いいね!」やコメントの数に過度に依存し、自己評価が低下するといった人も少なくなかったようです。こうした負の側面もあったことから、近年ではインスタ映えを意識したコンテンツが敬遠される傾向があり、「インスタ映えは時代遅れだ」という声も耳にするようになりました。

● 「インスタ映え」よりも大切なこと

美しい写真や洗練されたスタイルが注目されてきたインスタグラムですが、今はそれだけでは人々の心をつかむことが難しくなってきています。インスタグラムは単なる写真共有アプリではなく、ユーザーとの交流を大切にする場所でもあります。

インスタグラムで重要なのはインスタ映えではなく、ユーザーとのつながりやコミュニケーション、そしてインスタグラムを通じて何を伝えたいかを明確にすることです。個人アカウントであれば自分の興味や趣味、ビジネス用のプロアカウントであれば自社の考え方やビジョンを表現し、それに共感してくれたり楽しんだりしてくれるユーザーとつながって、意義のあるコミュニケーションを築くことが大切といえます。

インスタ映えを追求することもよいことですが、インスタ映えと交流のバランスを保ちながら、豊かなインスタグラムの運営を心がけるようにしましょう。自分(またはブランド)らしさや伝えたいことを大切にし、共感や情報共有を通じて、より深いつながりを形成していくことが、インスタグラムでの活動の成功の鍵となるでしょう。

第 7 章

インスタグラムを
使いやすく設定しよう

フィードの表示を変更しよう

フィードではフォロー中のユーザーのほかに、インスタグラムがおすすめするユーザー
の投稿や広告が表示されるようになっています。特定のユーザーの投稿のみを閲覧で
きるようにしたい場合は、表示を変更しましょう。

✦ フォロー中のユーザーの投稿のみを表示する

1 ホーム画面左上の [Instagram]
をタップします。

2 [フォロー中] をタップします。

3 フォローしているユーザーの投稿
が時系列順に表示されます。

4 手順③の画面で左上のくをタッ
プすると、通常のフィードに戻りま
す。

🏵 お気に入りのユーザーの投稿のみを表示する

(1) ホーム画面左上の［Instagram］をタップし、［お気に入り］をタップします。

(2) ［お気に入りに追加］（次回以降は☰）をタップします。

(3) デフォルトで何人かのユーザーが「お気に入り」に追加されています。「お気に入り」からすべてのユーザーを削除したい場合は［すべて削除］→［すべて削除］の順にタップし、個別にユーザーを削除したい場合は各ユーザー名右の［削除］をタップします。

(4) 画面上部の検索欄にお気に入りに追加したいユーザーのユーザーネームや名前を入力し、［アカウントを追加］→［完了］の順にタップします。

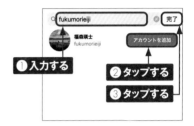

(5) 画面下部の［お気に入りを確認］をタップします。

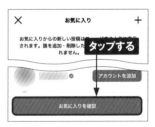

(6) 「お気に入り」に追加したユーザーの投稿が時系列順に表示されます。

Section

72 プロフィールを編集しよう

登録時に設定したプロフィールは編集することが可能です。ここでは、名前の変更と外部リンクの追加方法を紹介します。なお、ユーザーネームを変更した場合、タグ付けされた投稿のユーザーネームは自動的に変更後のものに更新されます。

✧ 名前を変更する

1 プロフィール画面で、[プロフィールを編集] をタップします。

2 「名前」の入力欄をタップします。

3 変更したい名前を入力し、[完了] → [名前を変更] の順にタップします。

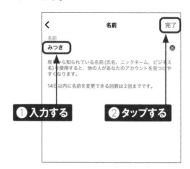

4 名前が変更されます。

第7章 インスタグラムを使いやすく設定しよう

外部リンクを追加する

1 P.166手順②の画面で［リンクを追加］をタップします。

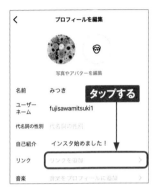

2 ［外部リンクを追加］をタップします。

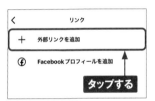

3 ここではX（旧Twitter）のアカウントページを設定します。「URL」にリンク、「タイトル」に任意の表示名を入力し、［完了］をタップします。

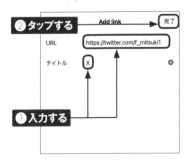

4 リンクが追加されます。

5 プロフィール画面に戻ると、自己紹介の下にリンクが追加されていることが確認できます。

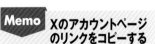

Memo Xのアカウントページのリンクをコピーする

Xのアカウントページのリンクは、ブラウザからXのアカウントページにアクセスし、□ → ［コピー］（Androidでは : → ［共有］ → ［リンクをコピー］）の順にタップすることで、コピーできます。

Section

73

Facebookと
連携設定をしよう

インスタグラムをFacebookと連携することで、インスタグラムの投稿を同時に
Facebookにも投稿することができます（Sec.74参照）。事前に「Facebook」アプ
リやブラウザでFacebookのアカウントにログインしておきましょう。

Facebookと連携する

1 プロフィール画面右上の≡をタップします。

2 ［アカウントセンター］をタップします。

3 ［プロフィール］をタップします。

4 ［アカウントを追加］をタップします。

5 [Facebookアカウントを追加］をタップします。

6 表示されているFacebookアカウントを確認し、[次へ]をタップします。

7 [はい、追加を完了します]をタップします。

8 Facebookとの連携が完了します。

Memo Threadsのアカウントを作成する

インスタグラムを運営するMeta社の新たなサービス「Threads」（スレッズ）は、インスタグラムのアカウントを利用して登録を行います。「Threads」アプリをインストールして起動し、[Instagramでログイン]をタップすると、アカウントの作成画面が表示されます。[Instagramからインポート]をタップすると、インスタグラムで使用しているアカウントのプロフィール情報が同期されるので、画面の指示に従って登録を進めます。

Section

74

Facebook にも
同時投稿しよう

インスタグラムに写真や動画をアップロードする際、Facebookにも同時に投稿できます。インスタグラムから直接Facebookに投稿する場合、事前にSec.73を参考に連携設定を行う必要があります。

投稿先にFacebookを含める

(1) 「新規投稿」画面で「シェア先 Facebook」（Androidでは「Facebookにシェア」）の右側にある ◯ をタップします。

(2) 初回は「Instagram投稿を Facebookで自動的にシェア」画面が表示されるので、[投稿をシェア] または [後で] をタップして、Facebookへの自動投稿をオンにします。[シェア] をタップして投稿します。

(3) Facebookを表示すると、インスタグラムに投稿した内容がFacebookにも投稿されていることが確認できます。

Memo 自動投稿を オフにする

手順②で [後で] をタップすると次回以降もFacebookへの自動投稿が常にオンになるため、不要な場合は「新規投稿」画面でその都度 ◉ をタップして ◯ にします。自動投稿を完全にオフにする場合は、P.168手順①〜②を参考に「アカウントセンター」画面を表示し、[プロフィール間のシェア]→インスタグラムのアカウント→「Instagram投稿」の ◉ をタップして ◯ にします。

第 7 章 インスタグラムを使いやすく設定しよう

Section

75 Facebookとの連携を解除しよう

インスタグラムとFacebookを紐付けておくと投稿や友達探しに便利ですが、つながりたくない人が「おすすめ」に表示されるなど、一長一短な部分もあります。連携が不要な場合は、設定から解除しましょう。

SNSとの連携を解除する

1 P.168手順①〜②を参考に「アカウントセンター」画面を表示し、画面下部の [アカウント] をタップします。

2 Facebookのアカウントの [削除] をタップします。

3 [アカウントを削除] → [次へ] の順にタップします。

4 「アカウントの削除を完了しますか?」画面で [はい、○○を削除します] → [OK] の順にタップします。

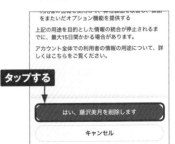

第 7 章 インスタグラムを使いやすく設定しよう

171

Section

76 プッシュ通知の設定をしよう

自分の投稿に「いいね!」やコメントが付いたとき、スマートフォンの画面ですぐに知らせてくれるのが「プッシュ通知」です。インスタグラムでは通知を受け取る項目を選べるので、不要な通知はオフにしておきましょう。

🌼 項目ごとに通知を設定する

(1) プロフィール画面右上の☰をタップします。

(2) [お知らせ]をタップします。

(3) 通知を設定したい項目(ここでは[投稿、ストーリーズ、コメント])をタップします。

(4) 項目ごとに通知を受け取る範囲を「フォロー中のプロフィール」または「全員」から選択します。通知が不要な場合は「オフ」を選択します。

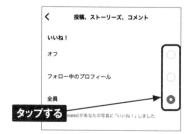

✛ アプリの通知をオフにする

● iPhoneでアプリ通知をオフにする

1 iPhoneのホーム画面で［設定］をタップし、［通知］をタップします。「通知」画面で［Instagram］をタップします。

2 「通知を許可」の⬤をタップして にします。

● Androidでアプリ通知をオフにする

1 ホーム画面またはアプリ一覧画面で［設定］をタップし、［通知］→［アプリの通知］の順にタップします。「アプリの通知」画面で［Instagram］をタップします。

2 「通知を許可」の⬤をタップして ⬤にします。

Section

77

お気に入りユーザーの投稿通知を受け取ろう

お気に入りユーザーの投稿を見逃したくないのであれば、特定のユーザーが新たに投稿した際に通知を受け取る機能を利用しましょう。通知を受け取りたいユーザーのプロフィール画面から設定を行います。

✦ 投稿のお知らせを設定する

1 設定したいユーザーのプロフィール画面を表示し、🔔 をタップします。

2 通知を受け取りたい項目（ここでは「投稿」）の をタップして にします。

3 設定したユーザーが投稿すると、自分のスマートフォンに通知が届きます。

Memo 投稿の通知を解除する

投稿の通知を解除するには、手順①の画面で🔔をタップし、 をタップして にします。

第7章 インスタグラムを使いやすく設定しよう

Section

78

加工前の写真を
保存しないようにしよう

インスタグラムのデフォルト設定では、「Instagram」アプリで撮影した写真を加工して投稿すると、オリジナルと加工後の2枚の写真が端末に残ります。オリジナルの写真を残す必要がない場合は、加工済みの写真だけを保存することも可能です。

もとの写真の保存をオフにする

1 プロフィール画面右上の≡をタップします。

2 [アーカイブとダウンロード] をタップします。

3 「元の写真を保存」の⚪をタップして にすると、加工した写真のみが保存されるようになります。

Memo 加工前の写真は復元できない

スマートフォンの設定によっては、端末内の写真を削除しても一定期間は復元することが可能ですが、インスタグラムで「元の写真を保存」をオフにして編集した場合はもとの写真に上書き保存されるため、復元することはできません。不安な場合は、「元の写真を保存」をオンにしておいたほうがよいでしょう。

Section

79 投稿を下書き保存しよう

「写真を加工まではしたものの、ゆっくりキャプションを入力してあとで投稿したい」といったときに利用したいのが「下書き」機能です。キャプションを入力しなかった場合、このメニューは表示されないので注意しましょう。

下書きとして保存する

(1) 「新規投稿」画面まで進み、仮のキャプションを入力して、画面左上の<（Androidでは←）をタップします。

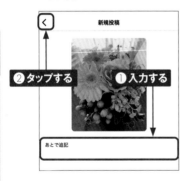

② タップする　① 入力する

(3) ［下書きを保存］をタップします。

タップする

このまま戻ると、編集内容は破棄されます。

下書きを保存

キャンセル

(2) 編集画面が表示されます。🗙（Androidでは←）をタップします。

タップする

Memo キャプションを入力しないと保存できない

キャプションを入力せずに手順③まで進んだ場合、「下書きを保存」の項目は表示されず、写真を選択する画面に戻ってしまいます。必ずキャプションに1文字だけでもテキストを入力しておきましょう。

❖ 下書きから投稿する

(1) 「新規投稿」画面まで進み、[下書き] をタップします。

(2) 投稿したい下書きのサムネイルをタップし、[次へ] をタップします。

(3) キャプションなどを編集し、[シェア] をタップします。

Memo 下書きの写真を再編集する

下書きの写真を再編集する場合は、手順③の画面右上に表示されている [編集] をタップします。

177

Section

80 ほかのユーザーの投稿を シェアしよう

現在インスタグラムには、X（旧Twitter）のリポスト（シェア）のようなサービス内での シェア機能はありません。ほかのユーザーの投稿を自分のタイムラインにリポストするためには、サードパーティーのアプリを利用します。

「Reposter for Instagram」を使って投稿をシェアする

1 あらかじめリポストしたい投稿を表示し、▽→［リンクをコピー］の順にタップして、投稿のURLをコピーしておきます。

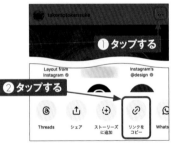

2 Sec.03を参考に「Reposter」アプリをインストールします。

3 「Reposter」アプリを起動し、［ペーストを許可］をタップすると、コピーしたリンク先の投稿が表示されるのでタップします。

4 リポスト元のクレジットの表示位置などを指定し、［リポスト］をタップします。

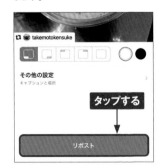

（5）「コンテンツの再投稿」画面が表示されたら、［同意します］をタップします。

コンテンツの再投稿

このアプリを使用することで、お客様は当社の利用規約にご同意いただいたことになります。また、お客様は、お客様が再投稿するすべてのコンテンツを共有するために必要なすべての許可を得ていることを確認することが、お客様の全責任であることにご同意いただくことになります。お客様は、著作権所有者の許可なく、そのコンテンツを共有することはありません。お客様が**タップする**ンテンツについて、単独で責任

同意しません

同意します

（6）「写真」が表示されたら、［許可］→［許可］の順にタップし、［開く］をタップします。

その他の設定　**タップする**

写真

写真へのアクセスを許可して、リポストしてください

許可

（7）［フィード］をタップします。

タップする

ストーリーズ　フィード　メッセージ

（8）インスタグラムの「新規投稿」画面に切り替わります。［次へ］をタップし、任意で編集を行い、［次へ］をタップして写真を投稿します。

新規投稿

タップする

（9）投稿がリポストされます。

fujisawamitsuki1

takemotokensuke

Memo Androidで投稿をシェアする

ここで紹介した「Reposter」アプリはiPhone専用であり、Android版は提供されていません。Androidで投稿をシェアしたい場合は、「Play ストア」アプリから「リポスト」と検索し、類似アプリをインストールして利用しましょう。

179

スポット名から
投稿を検索しよう

Web検索（P.41参照）以外で店舗の公式アカウントを探すには、検索画面からスポット名検索または地図検索を利用します。スポット名検索では人気の投稿を、地図検索では特定のスポット付近の飲食店や観光地などを検索できます。

✦ スポット名から投稿を検索する

1 画面下部の Q をタップし、画面上部の検索エリアをタップします。

2 検索したいスポット名を入力し、キーボードの［検索］をタップします。

3 検索結果が表示されます。画面上部のタブから［場所］をタップし、目的のスポット名をタップします。

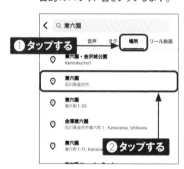

4 そのスポットの位置情報が付いた投稿が表示されます。

第7章 インスタグラムを使いやすく設定しよう

地図から投稿を検索する

(1) 画面下部のQをタップし、画面上部の検索エリア右の🗺をタップします。

● タップする
② タップする

(2) 位置情報に基づいた地図周辺の飲食店や観光地が表示されます。地図上のアイコンをタップすると、そのスポット名の位置情報が付いた投稿が表示されます。ここでは画面下部のカテゴリから[カフェ]をタップします。

タップする

(3) 選択したカテゴリに絞った検索結果が表示されます。画面下部の一覧を上方向にスワイプします。

スワイプする

(4) 検索結果の一覧がスポットごとに確認できます。スポット名をタップすると、そのスポットの位置情報が付いた投稿が表示されます。

Section

82 インスタライブのしくみ

インスタグラムでは、リアルタイムで撮影中の動画を配信できる「ライブ」機能があります。このライブ機能は「インスタライブ」と呼ばれ、一般人だけではなく、多くの芸能人やインフルエンサー、大手企業も利用しています。

インスタライブとは

「インスタライブ」とは、インスタグラム上でライブ配信ができる機能です。「ライブ」以外のコンテンツは撮影した写真や動画を編集してから投稿しますが、「ライブ」は撮影中の動画をリアルタイムに配信します。さらに、ストーリーズでは1投稿につき最大15秒程の動画しか投稿できませんが、「ライブ」では最大4時間の配信が可能となっています。配信中は視聴ユーザーがコメントや質問を投稿したり、リアクションを付けたりできるほか、ゲストとしてライブ配信に参加できる機能も備わっています。配信中に視聴ユーザーからのコメントを読んだり質問に答えたりすることで、リアルタイムでコミュニケーションを取れるということが最大のメリットです。また、配信後はそのまま配信内容を削除するか、動画として投稿するかの項目が選べるため、配信を見逃したユーザーのためにアーカイブとして残しておくこともできます。

●配信中はアイコンが変わる

ライブ配信中のアカウントには、ストーリーズエリアのアイコンに「LIVE」のマークが付きます。

●フォロワーに通知される

ライブを開始するとフォロワー全員に通知が送信されるため、フォロワーが多いアカウントほど視聴率も高くなります。

第7章 インスタグラムを使いやすく設定しよう

✦ インスタライブの特徴

●配信中にコメントができる

ライブ配信では配信中の映像上にリアルタイムで表示されます。コメントは古いものから上へと流れていきます。

●写真や動画をシェアできる

配信中は、視聴しているユーザーと画面を共有して写真や動画を一緒に見ることができます。

●ゲストの招待・参加ができる

配信中に参加リクエスト、または招待を送ることで、最大4人のユーザーが同時に1つの画面で配信を行えます。

●配信後に動画を投稿できる

配信後の映像は、動画として自分のプロフィール画面の投稿一覧に残すことができます。

183

Section

83

ほかのユーザーの
ライブ配信を見てみよう

フォローしているユーザーがライブ配信をしていたら、ストーリーズエリアのアイコンを
タップして視聴してみましょう。ライブ配信の画面では、コメントや視聴中のユーザー
ネームも公開されます。おもしろい配信には、コメントや絵文字を送ってみましょう。

友達のライブ配信を視聴する

(1) ホーム画面上部のストーリーズで
「LIVE」のマークが付いているア
イコンをタップします。

(2) 現在配信中の動画が表示されま
す。画面下部のコメントの入力欄
をタップします。

Memo **フォローしているユーザーのライブ配信をすぐにチェックする**

ライブ配信はリアルタイムで視聴するコン
テンツなので、ライブ配信を見逃したくな
いお気に入りのユーザーがいる場合は、通
知を設定しておくとよいでしょう（Sec.77
参照）。

③ コメントを入力し、[投稿する] を
タップします。

④ 送信したコメントが投稿されました。視聴を中止するには、画面右上の🗙をタップします。

⑤ ホーム画面に戻ります。配信が続いている場合、再度アイコンをタップして視聴することができます。

第7章 インスタグラムを使いやすく設定しよう

185

Section

84

自分もライブ配信をしよう

「ライブ」は、通信環境が整えば誰でもかんたんに配信できます。今見ている景色や起こっている出来事をリアルタイムで配信しながら、視聴してくれているユーザーと交流してみましょう。

⊛ ライブ配信を開始する

(1) ホーム画面下部の⊕をタップし、画面を左方向にスワイプして「ライブ」の画面にします。

(3) ライブのタイトルを入力し、[完了]をタップします。

(2) 任意でライブのタイトルや公開範囲を設定できます（Sec.85参照）。ここでは[タイトルを追加…]をタップします。

(4) ◉をタップし、配信を開始します。「ライブ配信中です！」と表示されると、フォロワーに配信中であることが通知されます。

⑤ 配信に参加したユーザーや届いたコメントは画面下部に表示されます。古いお知らせやコメントは上に流れていきます。

⑥ 配信を終了するときは✕をタップし、次の画面で［今すぐ終了］をタップします。

⑦ 配信が終了します。［シェア］をタップすると配信した内容を投稿できます。ここでは［動画を破棄］をタップします。

⑧ ［破棄］をタップします。ここで動画を破棄しても、ライブアーカイブには30日間保存されます。

Memo ライブ配信中に視聴ユーザーを確認する

配信中に画面右上の◎をタップすると、画面下部に視聴者リストが表示されます。

ライブ配信の公開範囲や
スケジュールを設定しよう

インスタライブでは、配信内容に合わせて公開範囲をフォロワーや親しい友達のみに
設定したり、数日後の配信のスケジュールを設定したりすることができます。スケジュー
ルの設定後は、投稿やストーリーズで告知することも可能です。

公開範囲を設定する

1 P.186手順①～②を参考に配信
前の画面を表示し、画面上部の
[共有範囲:全員]をタップします。

2 任意の公開範囲（ここでは「フォ
ローバックしているフォロワー」）
にチェックを付けます。

3 公開範囲が設定されます。◉を
タップして配信を開始します。

4 配信が開始されると、設定した公
開範囲のユーザーに配信中であ
ることが通知されます。

❀ スケジュールを設定する

1 P.186手順①〜②を参考に配信前の画面を表示し、画面左側の📅をタップします。

タップする

2 ライブのタイトルを入力し、[開始日時]をタップします。

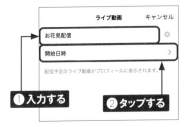

① 入力する
② タップする

3 画面下部の日時を上下にスワイプしてスケジュールを設定し、[完了]をタップします。

① スワイプする
② タップする

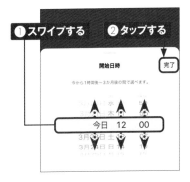

4 [ライブ動画の配信日時を指定]をタップします。

5 スケジュールが設定されます。ここでは[後でシェア]をタップします。

タップする

ライブ動画の日時が指定されました

6 プロフィール画面にライブのスケジュールが表示されます。編集や告知のためのシェアは、スケジュールをタップして操作を行います。また、設定日時に自動でライブが開始されるわけではないため、設定時間になったらSec.84の操作でライブを開始します。

スケジュールが表示される

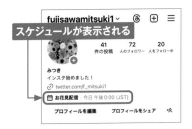

189

Section 86 ライブ配信にゲストを呼ぼう

「ライブ」には、任意のユーザーをゲストとして呼ぶことができます。ゲストが配信への参加を承認すると、画面が2分割されて二元中継として配信されます。逆に、視聴中のユーザーからゲスト参加のリクエストも可能です。

✦ ライブ配信にゲストを招待する

1 P.186手順①〜④を参考に配信を開始し、画面右下の🖧をタップします。

2 検索欄に配信に招待したいユーザーのユーザーネームや名前を入力して検索し、[招待]をタップします。

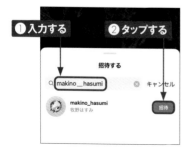

3 「招待済み」となり、招待が完了します。画面を下方向にスワイプします。

4 招待を受け取ったユーザーは、[○○とライブ配信を開始]をタップして招待を承認します。参加したくないときは[承認しない]をタップします。

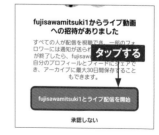

(5) ゲストが参加を承認すると画面が2分割され、同時に配信が開始されます。

(6) ゲストが参加中のライブ配信は、ストーリーズエリアでアイコンが二重になっていることから、複数人での配信であることがわかります。

(7) 配信の主催者が✕をタップし、[今すぐ終了]をタップすると、配信が終了します。

タップする

Memo 自分からゲスト参加をリクエストする

ゲスト参加は、自分からリクエストすることも可能です。ほかのユーザーの配信の視聴を開始すると、画面にリクエストのリンクが表示されます。⊞→[リクエストを送信]の順にタップすると配信者に送信され、承認されると一緒にライブ配信が行えます。なお、ゲストは3人まで参加・招待ができ、最大4人での同時接続が可能です。

このライブ動画への参加リクエストを送信できます

すべての人が配信を視聴でき、一部のフォロワーには通知が送られます。ライブ動画が終了したら、makino_hasumiは動画を自分のプロフィールとフィードにシェアでき、アーカイブに最大30日間保存することもできます。

リクエストを送信

キャンセル

column 一斉配信チャンネルでユーザーと交流する

●一斉配信チャンネルとは

「一斉配信チャンネル」とは、クリエイターが1対多のメッセージを公開できる機能です。チャンネルの作成者は、テキスト、写真、動画、アンケートなどを送信し、フォロワーとのつながりを深めることができます。参加者は作成者にメッセージを送信することはできませんが、リアクションを付けたりアンケートに回答したりすることが可能です。誰でも参加することができるので、気になるユーザーがチャンネルを作成していたら、ぜひ参加してみましょう。

●一斉配信チャンネルに参加する

① チャンネルを作成しているユーザーのプロフィール画面には、チャンネル名が表示されます。チャンネル名をタップします。

② [参加]をタップすると、一斉配信チャンネルへの参加が完了します。

③ 参加後は、チャンネルの投稿がメッセージ画面に表示されるようになります。

④ チャンネルから退出する場合は、手順②の画面上部のチャンネル名をタップし、[オプション]→[退出]→[退出する]の順にタップします。

第 **8** 章

インスタグラムを
安全に活用しよう

87

投稿した写真の一部を非公開にしよう

通常、インスタグラムに投稿した写真はすべて公開されます。公開範囲はアカウントを非公開設定にすることで調整できますが、投稿ごとに公開・非公開を設定するには、「アーカイブ」機能を利用します。

⚙ アーカイブ機能とは

「アーカイブ」とは、資料や記録文書の保管場所（書庫）または保存することを意味する単語です。IT用語では、複数のファイルを1つのファイルにまとめて保管することをアーカイブと呼ぶこともあります。インスタグラムの「アーカイブ」機能も、投稿した写真や動画を一時的に移動する保管庫のような場所と考えるとわかりやすいでしょう。なお、アーカイブできるのは一度投稿した写真のみです。はじめからアーカイブに保存することはできません。

① 非公開にしたい投稿を表示し、…（Androidでは：）をタップします。

② ［アーカイブする］をタップします。

③ アーカイブした投稿がプロフィール画面から非表示になります。

アーカイブした投稿を再公開する

(1) プロフィール画面右上の≡をタップします。

(2) [アーカイブ]をタップします。

(3) アーカイブした写真のサムネイルをタップします。

(4) …（Androidでは :）をタップします。

(5) [プロフィールに表示]をタップします。

Memo アーカイブ一覧が表示されない場合

手順③の画面で「ストーリーズアーカイブ」や「ライブアーカイブ」が表示された場合は、画面上部のⅤをタップし、[投稿アーカイブ]をタップします。

195

Section

88 特定のユーザーの投稿を ミュートしよう

自分のフィードやストーリーズに投稿を表示させたくない相手がいる場合は、「ミュート」機能を使います。ミュートしたユーザーの投稿やストーリーは自分側の画面には表示されなくなりますが、フォローは外れず、通知もされません。

❖ プロフィール画面からミュートする

1 ミュートしたいユーザーのプロフィール画面を表示し、[フォロー中]をタップします。

2 [ミュート]をタップします。

3 ミュートしたい項目の ◯ をタップして ◉ にします。

Memo ミュートとブロックの違い

ブロック機能(Sec.89参照)を利用すると、相手と自分のフォロー・フォロワーの関係が解除されます。対してミュートはフォロー・フォロワーの関係はそのままに、自分側だけが相手の投稿を非表示にすることができます。また、ブロックは相手が自分の投稿を見られなくなるため、ブロックしていることを知られてしまう可能性がありますが、ミュートは相手から見て自分の投稿は変わりなく表示されるため、相手に知られることはありません。

ミュートを解除する

① プロフィール画面右上の ≡ をタップします。

② [ミュート済みのアカウント] をタップします。

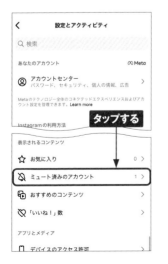

③ ミュート済みのアカウント一覧で、ミュートを解除したいユーザーをタップします。

④ [フォロー中] をタップし、[ミュート] をタップします。

⑤ ミュートを解除したい項目の の をタップして にします。

Section

89 特定のユーザーを ブロックしよう

自分の投稿を見せたくない、コメントやメッセージを送ってほしくない相手がいる場合は、「ブロック」機能を使います。ブロックしたユーザーからのフォローも自動的に外れますが、通知はされません。

プロフィール画面からブロックする

1 ブロックしたいユーザーのプロフィール画面を表示し、…（Androidでは：）をタップします。

2 [ブロック] をタップします。

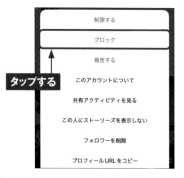

3 [ブロック] をタップします。

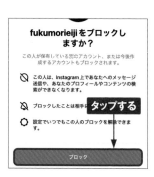

4 ブロックが完了します。

🌀 ブロックを解除する

1 プロフィール画面右上の☰をタップします。

2 [ブロックされているアカウント] をタップします。

3 ブロック中のユーザー一覧で、ブロックを解除したいユーザーをタップします。

4 [ブロックを解除] をタップします。

5 [ブロックを解除] → [閉じる] の順にタップします。

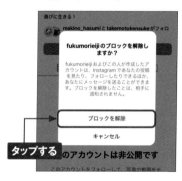

Memo ブロックを解除しても フォローは復活しない

相手が自分をフォローしていた場合、ブロックするとフォローが外れます。ブロックを解除しても外れたフォローはもとに戻らないため、一度ブロックしたことが相手に気付かれてしまう場合があります。

Section

90

コメントを
受け付けないようにしよう

コメントは、ユーザー間のコミュニケーション手段の1つですが、稀にトラブルの原因になることもあります。ここでは、コメントのオン／オフの切り替えや、特定のユーザーからのコメントのブロックなど、コメントに関する設定をまとめて解説します。

特定の投稿のコメントをオフにする

1 コメントをオフにしたい投稿を表示し、…（Androidでは ⋮ ）をタップします。

2 [コメントをオフ]をタップします。

3 投稿から○が消え、コメントがオフになったことがわかります。

Memo 投稿時にコメントを オフにする

写真や動画を投稿する前に、あらかじめコメントをオフにしたい場合は、「新規投稿」画面下部の[詳細設定]をタップし、次の画面で「コメントをオフ」の ○ をタップします。

第8章 インスタグラムを安全に活用しよう

特定のユーザーからのコメントをブロックする

1 プロフィール画面右上の ≡ をタップします。

2 [コメント] をタップします。

3 [コメントをブロックする相手] をタップします。

4 検索欄にブロックしたいユーザーのユーザーネームや名前を入力して検索し、[ブロックする] をタップします。

Memo ブロックを解除する

ブロックを解除する場合は、手順④の画面でブロックを解除したいユーザーの [ブロックを解除] をタップします。

201

❖ コメントを非表示にする条件を設定する

●不適切なコメントを非表示にする

1 P.201手順②の画面で［非表示ワード］→［次へ］の順にタップします。

2 「見たくないコメントとメッセージリクエスト」から、「コメントを非表示」の ⬭ をタップして ⬬ にします。この設定をオンにすると、インスタグラムが指定した不適切とされるフレーズを含んだコメントが非表示になります。

●特定のフレーズを含むコメントを非表示にする

1 左の手順②の画面で、「メッセージやコメント用に言葉をカスタマイズ」から［カスタムの言葉・フレーズを管理］をタップします。

2 入力欄に任意のフレーズを入力し、［追加］（Androidでは［追加する］）をタップします。

3 「メッセージやコメント用に言葉をカスタマイズ」から、「コメントを非表示」の ⬭ をタップして ⬬ にすると、リストに追加したフレーズを含んだコメントが非表示になります。

ストーリーズへのメッセージを許可する範囲を指定する

(1) P.201手順②の画面で［メッセージとストーリーズへの返信］をタップします。

(2) ［ストーリーズへの返信］をタップします。

(3) 「ストーリーズに返信できる人」から任意の項目（ここでは「ストーリーズへの返信を許可しない」）にチェックを付けます。

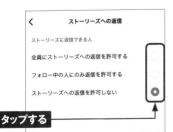

(4) ストーリーズを閲覧しているユーザー側からは、メッセージの入力欄が表示されなくなります。

Memo アカウントを制限する

P.198手順②の画面で［制限する］→［アカウントを制限する］の順にタップすると、「アカウントの制限」がかかり、そのユーザーからのコメントが表示されなくなり、公開するには承認が必要になります。また、届いたメッセージは「メッセージリクエスト」に移動され、相手はこちらのオンライン状態やメッセージの既読を確認することはできません。相手をブロックしたりフォローを解除したりすることなく、望まないやり取りを防ぎたいというときに利用しましょう。

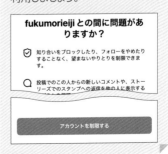

203

自分に付けられたタグを削除しよう

写真に写っている人などをタグ付けする機能は、友達どうしでは楽しいものですが、タグ付けされたくない人も中にはいるでしょう。意図しないタグ付けをされた場合に対応できるよう、削除の方法を覚えておきましょう。

⊛ タグを削除する

1 タグ付けされた投稿の△をタップしてタグを表示し、画面下部に表示される自分の名前をタップします。

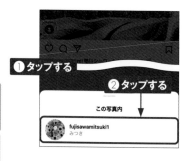

2 [投稿から自分を削除]をタップします。

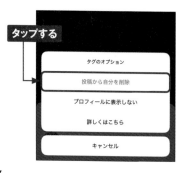

3 [削除]をタップします。

4 タグが削除されます。

Section

92 投稿にタグ付けされないようにしよう

Sec.91では、すでに投稿された自分のタグを削除する方法を解説しました。最初からほかのユーザーに自分をタグ付けされたくない場合は、タグ付けを誰にも許可しない設定にすることもできます。

投稿にタグ付けされないようにする

① プロフィール画面右上の≡をタップします。

② [タグとメンション] をタップします。

③ 「あなたをタグ付けできる人」から「タグ付けを許可しない」にチェックを付けると、ほかのユーザーが自分をタグ付けすることができなくなります。

Memo タグ付けを手動で承認する

手順③の画面の「タグの管理方法」から「タグ付けを手動で承認」の ◯ →[オンにする]の順にタップすると、ほかのユーザーからタグ付けされた際に「タグを確認」からタグ付けを手動で承認することができます。

第8章 インスタグラムを安全に活用しよう

Section

93

投稿にメンション されないようにしよう

タグ付けだけではなく、投稿やストーリーズのメンションも拒否することができます。メンションを許可しない設定にすると、メンションのために名前を検索してもグレーアウト表示になり、選択ができなくなります。

投稿にメンションされないようにする

1 プロフィール画面右上の ≡ をタップします。

2 [タグとメンション] をタップします。

3 「あなたを@メンションできる人」から「メンションを許可しない」にチェックを付けます。

4 ほかのユーザーが自分をメンションしようとしても、グレーアウトして選択できない状態になります。

Section 94

投稿をシェア されないようにしよう

フィードやリールの投稿をほかのユーザーのストーリーズなどにシェアされなくない場合は、シェアの許可をオフにしましょう。ストーリーズのほかにも、メッセージ、Facebookへのシェアに関する設定も行うことができます。

✧ 投稿をシェアされないようにする

1 プロフィール画面右上の ≡ をタップします。

2 [シェア・リミックス] をタップします。

3 「ストーリーズへの投稿とリール動画のシェアを許可する」の 🔵 をタップして ◯ にすると、ほかのユーザーが投稿をストーリーズにシェアすることができなくなります。

Memo シェアを 拒否できる項目

ストーリーズへのシェアを拒否すると、ほかのユーザーが投稿の ▽ をタップしても「ストーリーズに追加」の項目が表示されなくなります。また、ストーリーズのほかにも、メッセージやFacebookへのシェアも拒否する設定にできます。

Section

95 インスタグラムを 二段階認証にしよう

二段階認証は、ログイン時にユーザー IDとパスワードに加え、さらにセキュリティコードによる認証を行うしくみで、ハッキングによる乗っ取りや情報漏えいを防ぐ目的があります。インスタグラムでも、安全性を高めるために二段階認証を導入しています。

二段階認証を設定する

1 P.168手順①〜②を参考に「アカウントセンター」画面を表示し、[パスワードとセキュリティ]をタップします。

2 [二段階認証]をタップします。

3 インスタグラムのアカウントをタップします。

4 任意の認証方法(ここでは「SMSまたはWhatsApp」)にチェックを付け、[次へ]をタップします。

第8章 インスタグラムを安全に活用しよう

5 セキュリティコード受信のため電話番号を入力し、[次へ] をタップします。

fujisawamitsuki1 • Instagram
電話番号を追加
アカウント設定の電話番号
されます。その後、認証コ ❶**入力する**
日本(+81)　　　　　　　　　　変更
携帯電話番号を入力
09000000000
こちらに追加した電話番 ❷**タップする**
　　　　　　セキュリティ
次へ

6 SMSで受信したコードを入力し、[次へ] をタップします。

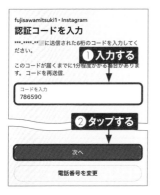

fujisawamitsuki1 • Instagram
認証コードを入力
-*-** に送信された6桁のコードを入力してください。❶**入力する**
このコードが届くまでに1分程度かかる場合があります。コードを再送信.
コードを入力
786590
❷**タップする**
次へ
電話番号を変更

7 二段階認証がオンになります。[完了] をタップします。

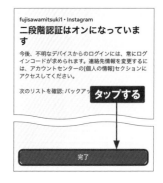

fujisawamitsuki1 • Instagram
二段階認証はオンになっています
今後、不明なデバイスからのログインには、常にログインコードが求められます。連絡先情報を変更するには、アカウントセンターの[個人の情報]セクションにアクセスしてください。
次のリストを確認: バックアッ **タップする**
完了

8 二段階認証がオンになったことが確認できます。

<
fujisawamitsuki1 • Instagram
二段階認証はオンになっています
今後、不明なデバイスからのログインには、常にログインコードの入力が求められます。詳しくはこちら
ログインコードの取得方法
SMSまたはWhatsApp
コードは「***-****-**」に送信されます。　>
その他の方法
他の方法が利用できない場合に、安全にログ　>
インする方法を確認しよう。
バックアップ方法の追加

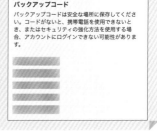

Memo　バックアップコード

機種変更やほかの端末でインスタグラムにログインする際、初回起動時にセキュリティコードによる二段階認証が必要ですが、登録した電話番号が使えない場合にバックアップコードを使用します。手順⑧の画面で [その他の方法] をタップし、[バックアップコード] をタップするとバックアップコードが表示されるので、メモに残すなどして保管しましょう。

バックアップコード
バックアップコードは安全な場所に保存してください。コードがないと、携帯電話を使用できないとき、またはセキュリティの強化方法を使用する場合、アカウントにログインできない可能性があります。

Section

96 パスワードをリセットしよう

パスワードを忘れてログインできないときは、パスワードをリセットして新しいパスワード
を設定しましょう。なお、Facebookと連携している場合はFacebookアカウントを使っ
てログインできることがあります。

◈ パスワードをリセットする

1 ログイン画面で [パスワードを忘れた場合] をタップします。

2 ユーザーネーム、メールアドレス、電話番号のいずれか（ここではユーザーネーム）を入力し、[次へ] をタップします。

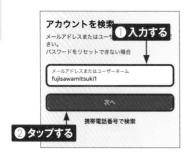

3 登録しているメールアドレスにコードが送信されます。

メールアドレスにコードが送信
されます
*@i*****.com

次へ

別の方法を試す

Memo コードの受け取り
方法を変更する

手順③の画面で [別の方法を試す] をタップすると、コードの受け取り方法を変更できます。

④ メールが届いたら、メッセージ内の
　 [パスワードをリセット] をタップし
　 ます。

⑤ リセット画面が開いたら、新しい
　 パスワードを入力して[次へ]をタッ
　 プします。

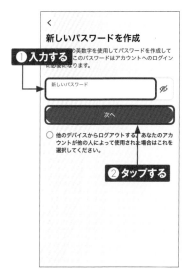

⑥ ログインが完了します。

Memo パスワードをリセット せずにログインする

端末にログイン情報が保存され
ている場合、手順④の画面で[○
○としてログイン] をタップする
ことで、パスワードをリセットせ
ずにログインできることもありま
す。ただし、パスワードがわから
ない状態のままアカウントを使用
するのは安全ではないため、パ
スワードはリセットしておくことを
おすすめします。

Instagramのログインに関する問題についてご案内
しております。Instagramは、パスワードを忘れた
というあなたからのメッセージを受け取りまし
た。これに心当たりがある場合、アカウントの復
帰やパスワードのリセットを今すぐ実行できま
す。

fujisawamitsuki1 としてログイン

パスワードをリセット

Section

97 パスワードを変更しよう

パスワードは定期的に変更することで、アカウントの安全性を高めることができます。
現在のパスワードを覚えていればかんたんにパスワードを変更することができるので、
こまめに変更しましょう。

✦ パスワードを変更する

1 P.168手順①～②を参考に「アカウントセンター」画面を表示し、[パスワードとセキュリティ] をタップします。

2 [パスワードを変更] をタップします。

3 インスタグラムのアカウントをタップします。

4 現在のパスワードを入力し、次に新しいパスワードを2回入力して、[パスワードを変更] をタップします。なお、過去に一度でも使用したことがあるパスワードを再利用することはできません。

第8章 インスタグラムを安全に活用しよう

Section

98

インスタグラムに
複数のアカウントを登録しよう

インスタグラムでは、複数のアカウントを登録して、切り替えて利用することが可能です。たとえば通常のアカウントと仕事用のアカウント、趣味のアカウントなど、用途や写真の内容ごとにアカウントの使い分けができます。

⊕ アカウントを追加する

1 プロフィール画面右上の≡をタップします。

2 画面下部の［アカウントを追加］をタップします。

3 ［新しいアカウントを作成］をタップします。

Memo 既存アカウントを追加する

既存のアカウントを追加したい場合は、手順③の画面で［既存のアカウントにログイン］をタップしてログインします。

4 Sec.04を参考にアカウントの作成を進め、［登録を完了］をタップします。

5 案内画面をスキップすると、ホーム画面が表示されます。

🌸 アカウントを切り替える

1 プロフィール画面左上のユーザーネームをタップし、表示されるリストから切り替えたいアカウントをタップします。

2 アカウントが切り替わります。また、プロフィールアイコンを2回タップすることでも、アカウントの切り替えが可能です。

Section

99 アカウントを非公開にしよう

特定のユーザー以外に投稿を公開したくない場合は、非公開アカウントに設定します。
アカウントを非公開にした場合、投稿内容はフォローリクエストを承認したユーザー以
外には表示されません。非公開の解除も同じ手順で行います。

アカウントを非公開に設定する

1 「設定とアクティビティ」画面で
[アカウントのプライバシー]をタッ
プします。

3 承認されていないユーザーからプ
ロフィールを見ると、投稿内容が
非公開になったことがわかります。

2 「非公開アカウント」の をタッ
プし、[非公開に切り替える]をタッ
プします。「フォロワーを確認しま
すか?」画面が表示されたら、[後
で](Androidでは[キャンセル])
をタップします。

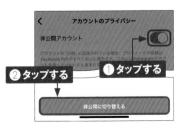

Memo 投稿内容を閲覧できるユーザー

アカウント非公開後にフォローし
てきたユーザーには、自分が承
認するまで投稿は公開されませ
ん。アカウントを非公開にする前
からフォローし合っているユー
ザーには、承認しなくても投稿
の内容が公開されます。

215

Section

100 アカウントを一時停止しよう

何らかの事情でアカウントを利用したくない場合は、一時的に停止させることができます。停止したアカウントに紐付く投稿やコメントなどは表示されなくなります。再度ログインすると停止が解除され、これまで通りにアカウントが利用できるようになります。

アカウントを停止する

① P.168手順①〜②を参考に「アカウントセンター」画面を表示し、[個人の情報]をタップします。

② [アカウントの所有権とコントロール]をタップします。

③ [利用解除または削除]をタップします。

④ インスタグラムのアカウントをタップします。

第8章 インスタグラムを安全に活用しよう

(5) 「アカウントの利用解除」にチェックを付け、[次へ] をタップします。

(7) アカウントを停止する理由にチェックを付け、[次へ] をタップします。

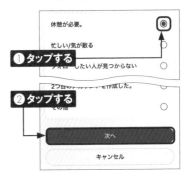

(6) パスワードを入力して、[次へ] をタップします。

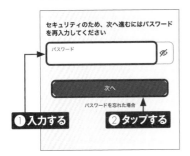

(8) [アカウントを利用解除] をタップします。

Memo アカウントの一時停止と復旧

一時停止の状態からアカウントを復旧するには、再度ログインします。なお、一時停止は一週間に一度までなどのルールがあります。アカウントを一時停止にすると、ほかのユーザーからはこれまでの投稿やコメント、「いいね!」も非表示になります。さらに、ユーザーネームや名前を検索してもヒットしません。

Section

101 アカウントを削除しよう

アカウントを完全に削除したい場合は、削除日時を設定します。削除日時を設定するとアカウントは非表示となり、約1か月後に完全に削除されます。アカウントの削除を取り消したい場合は、1か月以内に再度ログインします。

✦ アカウントを削除する

1 P.168手順①～②を参考に「アカウントセンター」画面を表示し、[個人の情報]をタップします。

2 [アカウントの所有権とコントロール]をタップします。

3 [利用解除または削除]をタップします。

4 インスタグラムのアカウントをタップします。

5 「アカウントの削除」にチェックを付け、[次へ] をタップします。

アカウントの利用解除
アカウントの利用解除は一時的な休止で、アカウントセンター経由で、またはInstagramアカウントを再開するまでプロフィールはInstagramに表示されなくなります。 ○

① タップする

アカウントの削除
アカウントを削除すると、元に戻すことはできません。Instagramアカウントを削除すると、あなたのプロフィール、写真、動画、コメント、「いいね！」、フォロワー削除されます。一時的に利用を休場合は、アカウントの利用解除が ◉

② タップする

次へ

6 アカウントを削除する理由にチェックを付け、[次へ] をタップします。

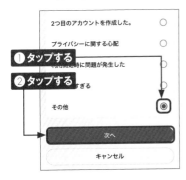

2つ目のアカウントを作成した。 ○

プライバシーに関する心配 ○

① タップする

利用時に問題が発生した

② タップする

すぎる

その他 ◉

次へ

キャンセル

7 パスワードを入力し、[次へ] をタップします。

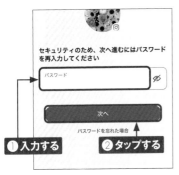

セキュリティのため、次へ進むにはパスワードを再入力してください

パスワード ∅

次へ

パスワードを忘れた場合

① 入力する   **② タップする**

8 [アカウントを削除] をタップします。

‹

アカウントの完全削除を確認

アカウントの削除を続行すると、プロフィールとアカウントの情報は**2024/04/24**に削除されます。今からそれまでの間、あなたはInstagramで非表示になります。プロセスの開始前であ **タップする**
センターから、またはInstag
ンすることで完全削除をキャンセルできます。

① アカウントを削除

キャンセル

9 アカウントの削除日時が設定されます。

🕘 アーカイブ ›

📊 アクティビティ ›

🔔 お知らせ ›

⏱ 利用時間 ›

コンテンツの公開範囲

🔒 アカウントのプライバシー 非公開 ›

親しい友達

fujisawamitsuki1の削除日時が設定されました

Memo アカウントの削除と一時停止の違い

一時的にアカウントを無効化する「一時停止」に対して、「削除」は一定期間を過ぎるとアカウントの再開ができません。一時停止では、復旧後にアカウント名も投稿も過去のコメントや「いいね!」ももと通りになりますが、削除後はアカウント名の再利用も不可となります。

219

索引

監修紹介

LIDDELL 株式会社／リデル株式会社

SNS・インフルエンサーマーケティングのパイオニアとして、インフルエンサー35,000人と共に、7,000社を超える企業実績を誇り、多くのSNSトレンドを創出し業界を牽引する。消費者庁「ステマ検討会」への協力実績あり。2023年10月に施行された「ステマ規制」の啓発に積極的に取り組み、安心・安全で健全なマーケティング活動と経済活性化に寄与している。個人の影響力を最大化するプラットフォームによって、企業と個人が公平に取引できる社会の実現を目指している。

• リデルの特徴

3.5万人
登録インフルエンサー

7千社 以上の実績

「ステマ規制」啓発・
コンプラ遵守
への積極的な取り組み

厳格な
セキュリティー
ポリシー

社名：LIDDELL Inc.／リデル株式会社　https://liddell.tokyo/

住所：〒107-6212 東京都港区赤坂9-7-1 ミッドタウン・タワー12F

代表者：福田 晃一

設立：2014年10月14日

事業内容：

(1) SNS・インフルエンサーマーケティングプラットフォームの運営

(2) ファン・コミュニティマーケティング戦略および実行支援

(3) 生成AI・WEB3マーケティングおよびシステム開発

LIDDELL 株式会社
取締役／CVM HQ／Project manager
西村 祥

SNS企画制作運用サービス『PRST（プロスト）』を管掌し、これまでに1,000社以上の企業SNSのプロデュース実績を誇る。さらにグローバルエンタープライズのコミュニケーション施策におけるPMから著名人のSNSプロデュース、コスメや家電、食品など、さまざまなクライアントのSNSカスタマーエクスペリエンスを向上させる。とくにユーザーインサイトの分析に定評があり、ユーザー自身も自覚していない潜在的ニーズを汲み取りSNSに反映させる。取り巻く環境や活用方法がスピーディに変化するSNSにおいての豊富なナレッジを武器としている。

INFLUFECT
インフルフェクト

対応SNS 📷 𝕏 ▶ 🎵 @ 💬 f

［自動運用型 SNS・インフルエンサー マーケティング プラットフォーム］

KPIが自動設計され、PDCAが回せる"運用型"
効果の数値化、進捗の可視化、誰でも簡単に成果を出せる！

課題に応じた5つのソリューション機能をメインに、生成AIのサポートやKPIの自動設計、ステマ規制に対する安心機能など搭載し、利用企業さまのSNS・インフルエンサー施策の効果最適化を実現します。

お問い合わせについて

本書に関するご質問については、本書に記載されている内容に関するもののみとさせていただきます。本書の内容と関係のないご質問につきましては、一切お答えできませんので、あらかじめご了承ください。また、電話でのご質問は受け付けておりませんので、必ずFAXか書面にて下記までお送りください。

なお、ご質問の際には、必ず以下の項目を明記していただきますようお願いいたします。

1　お名前
2　返信先の住所または FAX 番号
3　書名
　　（ゼロからはじめる　Instagram インスタグラム　基本＆便利技 [改訂新版]）
4　本書の該当ページ
5　ご使用のソフトウェアのバージョン
6　ご質問内容

なお、お送りいただいたご質問には、できる限り迅速にお答えできるよう努力いたしておりますが、場合によってはお答えするまでに時間がかかることがあります。また、回答の期日をご指定なさっても、ご希望にお応えできるとは限りません。あらかじめご了承くださいますよう、お願いいたします。ご質問の際に記載いただきました個人情報は、回答後速やかに破棄させていただきます。

お問い合わせ先

〒 162-0846
東京都新宿区市谷左内町 21-13
株式会社技術評論社　書籍編集部
「ゼロからはじめる　Instagram インスタグラム　基本＆便利技 [改訂新版]」質問係
FAX 番号　03-3513-6183
URL：https://book.gihyo.jp/116

■ お問い合わせの例

FAX

1　お名前
　　技術　太郎

2　返信先の住所または FAX 番号
　　03-XXXX-XXXX

3　書名
　　ゼロからはじめる
　　Instagram インスタグラム
　　基本＆便利技 [改訂新版]

4　本書の該当ページ
　　40 ページ

5　ご使用のソフトウェアのバージョン
　　iPhone 14（iOS 17.4.1）

6　ご質問内容
　　手順3の画面が表示されない

ゼロからはじめる Instagram インスタグラム　基本＆便利技［改訂新版］

2022 年 3 月 11 日　初　版　第 1 刷発行
2024 年 6 月 7 日　第 2 版　第 1 刷発行
2024 年 11 月 8 日　第 2 版　第 3 刷発行

監修　　　　　　　　　LIDDELL 株式会社
著者　　　　　　　　　リンクアップ
発行者　　　　　　　　片岡　巖
発行所　　　　　　　　株式会社 技術評論社
　　　　　　　　　　　東京都新宿区市谷左内町 21-13
電話　　　　　　　　　03-3513-6150　販売促進部
　　　　　　　　　　　03-3513-6166　書籍編集部
編集　　　　　　　　　下山　航輝
装丁　　　　　　　　　菊池　祐（ライラック）
本文デザイン・DTP　　リンクアップ
製本／印刷　　　　　　TOPPAN クロレ株式会社

定価はカバーに表示してあります。

ISBN978-4-297-14167-7　C3055

Printed in Japan